为什么你攒不下钱

[日]黑田尚子 ◎著
彭 博 ◎译

中国原子能出版社 中国科学技术出版社
·北 京·

图书在版编目（CIP）数据

为什么你攒不下钱？/（日）黑田尚子著；彭博译
.— 北京：中国原子能出版社：中国科学技术出版社，
2024.1（2024.6 重印）
ISBN 978-7-5221-2945-7

Ⅰ.①为… Ⅱ.①黑… ②彭… Ⅲ.①家庭管理—财务管理 Ⅳ.① TS976.15

中国国家版本馆 CIP 数据核字（2023）第 161610 号

策划编辑	孙　楠	**执行编辑**	王碧玉
责任编辑	付　凯	**文字编辑**	孙　楠
封面设计	东合社・安宁	**版式设计**	蚂蚁设计
责任校对	冯莲凤　吕传新	**责任印制**	赵　明　李晓霖

出　　版	中国原子能出版社　中国科学技术出版社
发　　行	中国原子能出版社　中国科学技术出版社有限公司
地　　址	北京市海淀区中关村南大街 16 号
邮　　编	100081
发行电话	010-62173865
传　　真	010-62173081
网　　址	http://www.cspbooks.com.cn

开　　本	880mm × 1230mm　1/32
字　　数	157 千字
印　　张	7.75
版　　次	2024 年 1 月第 1 版
印　　次	2024 年 6 月第 2 次印刷
印　　刷	北京盛通印刷股份有限公司
书　　号	ISBN 978-7-5221-2945-7
定　　价	59.00 元

前言

各位读者朋友，大家好。我是理财规划师黑田尚子。

我自 1998 年起从事独立理财规划师工作，这些年来，我倾听各种各样家庭的理财烦恼，从富裕家庭到贫困低保家庭，并从中发现，每个家庭无论富裕还是贫穷，都有着这样或那样的理财问题。

2020 年 1 月，日本国内第一次出现新型冠状病毒感染者；2020年4月，日本政府发布了首次紧急事态宣言[1]，限制非必要的流动和外出，居家和远程办公成为新常态，网购和电子支付充分发挥效用，等等。如今，人们的生活方式发生巨大变化。

新冠疫情确实是全球性大灾难，造成的巨大损失无法估量。但是，换个角度来看，我们更能切身体会到“过去认为理所当然的日常生活，其实并非如此”“只有自己才能保护自己的身体健康”。

---

① 紧急事态宣言，是指日本政府针对紧急情况发动的特殊权限。——译者注

实际上，我能切实感受到，由于人们居家时间增多，加上意识到患病（感染新冠肺炎）的风险，因而重新考量家庭经济支出和保险，开始为未来储蓄和投资的人数急剧增加。日本证券业协会的“小额投资免税制度开设账户 / 使用情况调查结果”显示，2021 年 9 月末，证券公司小额投资免税制度的相关总账户数量为 1067 万，约是 2019 年末的 1.3 倍。另外，积蓄式小额投资免税制度账户中，无经验投资者占比较大，为 86.2%，20~30 岁年龄段的用户开设小额投资免税制度账户数量最多（约 280 万），由此可以看出年轻的理财新手们都开始申请办理与小额投资免税制度相关的业务。

在我周围也是如此。之前从没记过账、工资到账就花、理财意识不够的 20~39 岁年轻人的咨询次数增多。他们表示“看到了视频网站上关于理财方面的视频，想先申请‘积蓄式小额投资免税’试试。保险的性价比较低，值得买吗？”

但是，当我问他们为什么会选择这个商品时，他们往往回答得很模糊：“因为在杂志和网上排名很高”或者“虽然不是很懂，不过它在宣传册上排名第一”。他们完全忽略了，选择金融产品最重要的是“是否符合自己的生活计划和需求”。

保险也是如此，很多人还未了解保险的意义，仅因为性价比低就想当然地否定保险的价值。

本书将从金融专家理财规划师的角度，解读看似与储蓄没有因果关系的“日常行为”和“储蓄的效率性”之间的关系。虽然与家庭经济管理和资产运用相关的书籍和信息不胜枚举，但本书不仅介绍了理财规划师的知识，还包含了自我从事独立理财师职业以来接受咨询积累下的经验和技术。“虽然对理财感兴趣，但高深的道理和专业术语让人望而却步”“我对这个有点兴趣，想知道该如何思考”——本书正是针对有这样想法的读者。阐明每个人都有“对金钱的臆想”的本质，我希望它能启示各位重新认识日常行为。其实大家不用特意“学习理财”，在我们身边就有很多了解和学习理财知识的“教材”。

有人不会收拾房间，鼓鼓的钱包里装满了乱七八糟的东西，却还能攒钱。比起单纯的“这样做就攒下钱 / 能攒住钱”的结论，我更希望各位可以了解形成理财思维的方式和过程。各位读者在阅读本书时不必按顺序，可以只读感兴趣的章节。

那么，让我们一起来回顾大家之前的日常行为和理财思维吧。

目录

第 1 章

整理房间就能攒下钱

——日常生活篇

为什么你攒不下钱?

“金钱”是容易感到寂寞又喜欢漂亮的东西。

不会在又脏又乱的房间、钱包中久留哦。

1 “没有储蓄的人，家里乱糟糟”的规律

很多人“明明很想攒钱，但就是攒不下来”。有这样想法的读者不妨先观察一下自己的房间和居住环境。如果现在你家的访客门铃突然响起，有客人到访，你家里的环境是否整洁到可以直接对客人说“请进”的程度？

作为独立理财规划师的 20 多年间，我拜访了各种各样的家庭，接受了很多家庭的经济咨询。

其中可以确定的一点是“会攒钱的人都会收拾房间”。当然，在拜访咨询者之前，我都会事先约定好时间，也可能在我到达之前，咨询者刚急急忙忙地打扫收拾完客厅。不过我能从谈话中立即判断出，咨询者是否属于平时会收拾房间的人。

比如在谈话时，多数情况下我会请咨询者补充家庭经济相关的各种资料，当我对咨询者说：“不好意思，我可以看看这份保单吗？”有收纳习惯的人就能立即拿出所需文件。

与此相对，有的人一边找了若干个抽屉和文件盒子，一边说“咦，之前还在这儿的呀……”，可以看出他们平时就没有整理收纳的习惯。

之后查看这些人的家庭经济情况，发现他们有很多自身

都没有注意到的无用开支，这似乎也正好证明了“不收拾房间就攒不好钱”。

✦ 不收拾房间的人的 5 个共同点

归根结底，整理收纳就是将物品减少到适当的量，再加入一定收纳精髓的行为。不会整理收纳，是因为心理上产生“浪费”“不舍得扔东西”等这类纠结和矛盾。本书后面的内容将会讲到，纠结且头脑不清醒的人平时大都容易产生无意识的无用花费。

想要解决该问题，首先要了解自己。不收拾房间的人的共同点如下：

①喜欢购物且经常在不经意间冲动消费。就是所谓的“浪费癖”。看见就想买，由于总买些没有用的东西，他们的钱越来越少，堆积的东西越来越多。

②不囤货不成批购买就焦虑。不会收纳的人，物品管理混乱。一旦存货减少他们就开始焦虑，明明有类似的物品还是要继续买。囤货、成批购买已成习惯的人需要引起注意。

③对“免费”“赠品”毫无抵抗力。对免费的新品和商品、赠品毫无抵抗力的人，容易因为优惠而购买毫无用处的物品。人们只能看到对物品付出的金钱的价值，对于免费得到的东西，其结局就是被丢在房间的角落里。

④怕浪费而不扔东西。不收拾房间最大的原因是“不会扔东西”。孩子的纪念品、昂贵的礼服、首饰等都是充满回忆的物品。不会整理收拾家的人，往往无法判断物品是否可以扔掉。

⑤用过的物品不放回原处。这里有两种问题，即性格的问题和收纳不合理的问题。前者指有人本身做什么事情都很散漫，他们家中没有“某个物品固定的位置”，所以多数情况下也不收拾。后者是指他们即使确定了某个物品的固定位置也不放回原位，例如，明明在客厅剪指甲，却把指甲剪放在洗手盆处，使用场所和收纳场所分离，就很有可能引起收纳不合理的问题。

这些共同点是每个人身上都可能出现的。但是，重要的是自己能否注意到自己有这类行为。如果自己意识到的话，在过度购物和囤货之前就能够自我克制。既不收拾家也攒不住钱的人，大都对自己的这些行为毫无意识。

为什么收拾房间有助于攒钱呢?

那么，为什么收拾房间有助于攒钱呢?

显而易见，收拾房间后物品就会变得“可视化”：“竟然有10个锅铲！”等，你会开始惊讶于现有物品的数量（见图1-1）。

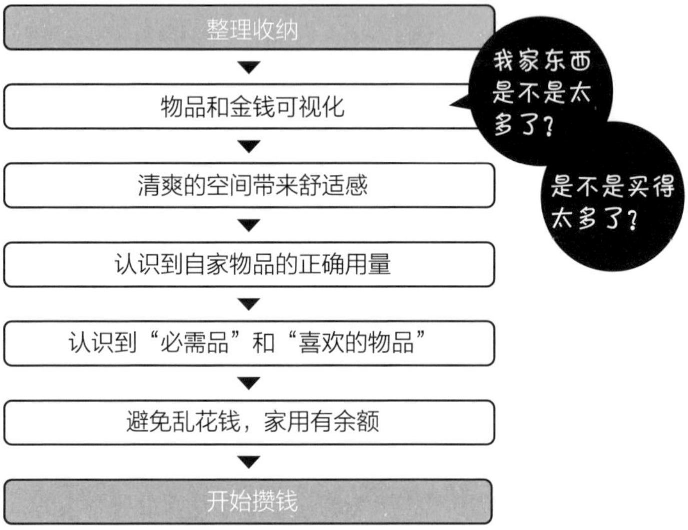

图 1-1　为什么收拾房间有助于攒钱？

如果你把这些物品好好清理收纳，减少到合适的数量，得到清爽的空间，那么你的心情自然也会变好。进而，认识到自家物品的正确用量。

由于物品自身数量减少，每个物品的存在感就会被放大，人们就会开始认识到对当下的自己而言，真正的必需品和喜欢的物品分别是什么。那样的话，就不会随意购物，减少浪费，自然而然变得节省起来，从而开始攒钱大计。

如果家庭经济困难的话，人们会想着“先要省钱啊！”，即便如此，我们不妨先观察周围情况，稍微试着改变一下自己的行为和意识。

事实上，这正是攒钱的不二法门。

（√收拾整理好房间，钱自然就攒下了。
×不会收拾整理的人，总也攒不下钱。）

2 整理收纳和攒钱的原理相同

前文提过，攒不下钱的人不擅长或者不会打扫、收拾、整理收纳。反过来说，能攒钱的人，多数情况下会把这些原本就应该做好的事情，打理得井井有条。

攒钱这种行为，需要思考其目的，并探讨为了达成目的应采用具体的方法，因而实际行动起来需要有意志力和行动力。

要好好攒钱，就必须管理支出，为此，必须认清自己的欲望（Wants）和需求（Needs）。也就是说，自己需要的物品是“需求”。只是单纯想要的物品就是“欲望”。

比如，就算收入不多也会好好攒钱的人，不会边说着“好累啊”“有点渴”边频繁地顺路去咖啡店。因为他们知道在咖啡店喝的星冰乐[①]是“欲望”而不是“需求”。

收拾房间也是如此。不会整理收纳，不舍得扔东西，这些都是由于无法分辨自己的“需求”和“欲望”而导致的。这种思想的“混沌”也与家庭收支管理有关（请参照第 2 章

① 星巴克最具代表性的饮品之一。将咖啡、茶或果汁等食材，与冰块一起搅打制成的饮品。——译者注

第 11 节）。

另外，有的有钱人即便是说场面话，也不会说自己的家里收拾得干净整洁，他们过着物质过剩的生活。但是，其中很多人家境富裕，拥有很多不动产，或是继承家族事业和财产。他们的住宅面积很大，也没有必要强行处理物品。积累原始财富的创一代中，也有“雇用家政服务，自己完全不打扫收拾房间”的人。

但是，据我所知，从没见过哪个白手起家靠自己踏踏实实攒钱的人，会把家里弄得很乱。

✦ 要攒钱首先要注意的 2 个整理习惯

想要攒钱，第一步就是要养成收拾、收纳整理身边物品的习惯。虽说如此，应该仍有很多人说“我工作忙，又不知道如何着手收拾”（顺便一提，攒不住钱的人，借口也很多哦）。

有这样想法的朋友，不妨试试以下两点。

①不增加物品

现阶段如果物品过剩，首先要切断供给。即使是赠品也不接受，因为那是不需要的物品。喜欢便宜商品的人，要下决心不去百元店[1]。如果要去，在去之前列出要买的必需品清单，下决心不进其他商场。尤其是随着年龄增长，对增加物品的筛选也更严格。

②决定自己必需品的数量

即使是必需品，个人使用量也是有限的。无论超市的购物袋免费还是收费，原则上我不会使用，而是自带环保袋。不过，有时也需要用购物袋，来确认积攒的罐子的数量，我家的购物袋数量限度是把折叠好的曲奇盒大小的罐子装满购物袋为止。

✦ 了解自己的“适合的用量”

尤其是②中重要的是了解自己的“适合用量”。断舍离的推荐里写道“上装要 × 件，下装要 × 件”，但我个人认为，千篇一律的做法没有意义（断舍离的相关方法请参照第 1 章第 7 节）。

我在 25~30 岁时曾一个人环游世界。夏天时我从日本出发，回来的时候已经是冬天了。一路上途经各种各样气候的国

① 日本百元店，是日本大创集团旗下的商店，百元店里的商品价格一律为 100 日元（约合 6 元人民币），在那里可以买到日常生活所需的绝大多数日用品。——译者注

家，总结出经验：旅行的话，基本上准备 4 天 3 晚的衣服和用品就够了。就我当时的经验来说，当你需要一件东西时，购买是最后的选择。对于只带 1 个行李箱的人来说，增加行李只会增添麻烦。

“用最低限度的物品生活，只在实在需要时购买。”如果能彻底贯彻这一理念，房间就不会变得乱七八糟，人也不会乱花钱。

那次环游世界的旅行，让我认识到应该思考物品的必要性，以及想办法用现有的东西来代替想买的物品，这一思想的重要性。不过，下次环游世界的话，我也期待自己可以稍微打扮得靓丽一些。

（√承认自己的懒散，从今天开始迈出脱胎换骨的一步。
× 个性无法改变，所以破罐子破摔，什么都不做。）

3 家中冰箱不整洁，食品支出 100% 浪费多

从冰箱可以看出，其主人或者这个家庭的“生活水平”和“价值观”。之所以这么说，是因为“食品”与生活密切相关。

冰箱内部的食品摆放整齐，证明这个家庭在购物时，只购买能使用完的分量。反之，冰箱里乱七八糟，不知道东西放在哪里的家庭，应该是购物没有计划的家庭。“以为没有了才买的，结果还有”“因为价格便宜而买了很多，结果吃不完”等，为了避免重复购买和食物浪费，重新查看下冰箱里的物品吧。也就是说，整理冰箱，就能控制餐费！

顺便一提，理想的家庭收支平衡中餐费的比例大概为“单身人士每月到手收入的 15%~18%，家庭每月到手收入的 15% 左右”。如果每月到手收入为 30 万日元的话，餐费大约为 4.5 万日元。

✦ 冷冻室有大量的“剩饭和肉”的人需注意

下面所列出的各项特征，是难以攒钱家庭中冰箱的常见

特征。

□没有规划好食材 / 食品的摆放位置
□食品过期、食材腐坏的情况多
□有很多大容量的调味料
□经常大量地冷藏饮品
□冷冻室放了大量的“剩饭和肉”

没有规划好食材和食品的摆放位置，刚买的食物往空的位置一塞，冷藏室马上就变得满满当当。挤在里面的食材被遮挡着，不容易找到。很多人的食物常常就这样放到过期或是腐坏。

而且，不少人在买东西时总觉得“大容量 = 实惠”。根据家庭的情况，严格挑选购买能用完的分量，要把这一做法当作铁则。百元店的商品虽然有些小贵，但是，对于单身的朋友来说，买那种小瓶的调味料就足够了。并且，放进冰箱的物品量少的话，还能节约电费。

进一步说，把大量剩的米饭和食材“暂且”用保鲜膜包好冷冻的人也要注意！你们是不是认为只要放进冷冻室就可以半永久地保存了？根据日本农林水产省的网站主页，普通家用冰箱的冷冻室温度设置为零下 18 摄氏度。实验结果显示，在此温度下虽然食品品质在大约 4 个月内不会发生变化，但考虑到不同冷冻室的使用状况，食物购买时的品质仅能保持 2~3 个月（冰箱门上的储物盒为 1~2 个月）。如果不及时全部吃光，再想起来食物可能已经变成化石了。

越是会节省的家庭，越是要规划好冰箱里食材的摆放位置，将“库存可视化”，每周 1 次清空冰箱进行“冰箱重置”。试着以“1 周不再购买！”的决心挑战一下吧。

混乱的冰箱是储蓄和健康的大敌

另外，整理收拾冰箱，不仅事关“家庭收支”，而且对“健康”也有影响。说到生活的三大要素，即“衣、食、住”，特别是“食”，食物在守护、维持人的生命方面，发挥着不可或缺的作用。

我 40 岁被确诊为乳腺癌后不久，开始格外注重饮食（现在也是如此），主要食用以蔬菜和鱼类为主的日式料理。癌症的发病与生活习惯有很大关系，主治医生也让我注意“肥胖是癌症复发 / 转移的大敌！”

我周围的“癌友”也控制乳制品和肉类的摄入，购买了榨汁机，每天早上喝蔬菜汁。还有人开始只购买有机蔬菜。

“饮食”的确和健康有直接关系。冰箱是存放很多重要食材的地方。如果不整理冰箱，任由过期的食品放在冰箱里，从维护健康的角度来看也是不妥的。

从长期来看，混乱的饮食习惯会带来健康问题，造成巨额的医疗费用，还有可能导致收入断流。所以说，应该把乱糟糟的冰箱看作攒钱的大敌，第一步先整理收拾冰箱。

（√通过收拾冰箱，把控餐费和健康。
× 把食品随意塞进冰箱的空位置里。）

4 冰袋成堆的家庭，不容易攒住钱

对于想要攒钱的家庭来说，日常不起眼的消费行为积累起来，也是不可忽视的劲敌。如果你认为这又不是买名牌或是多贵的东西，“花这点小钱也没关系吧”，就容易在不知不觉中不停地乱花钱。

但是，就算每次花费的金额很小，买的次数多了，也会产生巨额花销。而且可怕的是，这种“微浪费”的习惯也会影响其他消费行为。让我们来思考一下，“积少成多消费”对家庭收支的影响和对策吧。

公司职员安藤和夫（化名，40 多岁）的家庭也是积少成多消费的典型案例。安藤和夫说：“作为全职主妇的妻子常常选在我下班回家的时候，告诉我‘我今天很努力地做家务，好辛苦呀，给我买个甜品奖励下吧’。于是我经常买水果奶油蛋糕、泡芙、蒙布朗……便利店的甜品似乎难以满足她。我不喜欢吃甜食，所以在换乘终点站的地下商场，我只买了妻子和孩子的分量。有时也会买点熟食，每次都带有冰袋。所以每次以奖励甜品为名义的消费，都会给家里增加冰袋，冷冻室无论什么季节都是满满当当的。”

如果冷冻室堆满了在地下商场和甜品店获得的冰袋，或许这就是在不知不觉中重复“微浪费”的证据。

✦ 玄关有数不清的 ×××× 的家庭需注意

下面介绍另一个容易发生的积少成多消费的事例。

公司职员井上俊（化名，30 多岁）总会在便利店买塑料伞。他说：“就算是贵的伞，也会慢慢生锈，骨架也会坏。所以我就买把塑料伞当作一次性的使用。以梅雨季节为主，每年差不多要买 6 把塑料伞。就像把伞放在公司专门放伞的地方，大家共享一样。就像如果突然需要用伞，也会借用别人的伞一样，即使自己的伞不见了也不会抱怨。”

在井上看来，塑料雨伞几乎就是必要消费品。理由是“因为不用带伞（不用随身携带）”。而且他还说：“也不用提前看天气预报，为下雨做准备”“包也不会被折叠伞撑大”。

一把塑料伞最多只要几百日元。但是，买塑料伞的习惯会产生很大的隐患。像这样漫无计划、需要什么就去便利店买的消费行为一旦养成习惯，就会不知不觉地在商品价格比较贵的便利店里购买塑料伞以外的东西，支出的费用会越来越多。

像井上这样重视便利性，经常在商品价格很贵的便利店购物的人很多吧！便利店的确很方便，什么都有。最近还开始出售面向单身人士和高龄家庭的点心、食材、熟食等。商品的量很少，不会吃不完扔掉，但单件商品的价格很贵。一旦没留心放进购物篮的话，结账时一看总额就会大吃一惊，这样的事情经常发生。

✦ 有很多冰袋和塑料伞的家庭（个人），应该采取的对策

那么应该如何停止“积少成多消费”呢?

主要有两种对策。第一种是，“斩断积少成多消费的诱惑根源”。

也就是说，安藤先生不买甜点，井上先生不去便利店。这点非常简单且有效，但是这个方法也稍微有些极端，安藤的妻子可能会因此“生气”，如果井上不再去便利店的话，生活也会不方便。

因此，第二种解决方法就是，适可而止地“设定范围，有计划地使用”。在安藤先生的事例中，他的妻子不满足于便利店的甜点。

如果无法避免的话，可以结合家庭经济情况进行讨论，设定一个上限，如“每月最多吃 2 次地下商场的甜品”，这样做就比较妥当。

另外井上也是如此，通过确认现有的塑料伞的数量，认识到自己需要用伞的数量上限。

（√“冰袋”“塑料伞”是“微浪费”的证据。要重新审视自己的生活习惯。
× 装作没看见，继续“微浪费”。）

5 如果衣柜里有 3 条黑色裤子，就不容易攒住钱

黑色裤子是搭配上衣和鞋子的万能单品。针对不知道要买什么衣服的新手，在通俗易懂地讲解变美的方法理论——《衣服要这么穿》[①] 的第 1 卷中登场的就是黑色裤子。(顺便介绍一下优衣库的紧身锥形牛仔裤，该卷的标题为“用最少的钱和饰品打扮”。)

无论男女老少，黑色裤子是多数人都有的。当然我也有，问题是有几条。因为其方便搭配，你是不是选择了好几条一样的黑裤子或者其他相似的单品呢?

最近，在极简主义者及史蒂夫·乔布斯 (Steve Jobs)、马克·扎克伯格 (Mark Zuckerberg) 等名人的影响下，人们开始觉得穿相同的衣服会展现很积极的形象。

如果像制服一样，服装已经规定好了，**就可以节省购买各种衣服的成本和挑选衣服的时间，也可以减轻考虑搭配的心理负担**。并且，连续穿相同的衣服，还有彰显个性的效果。

---

① 『服を着るならこんなふうに』，缟野雅艾著，角川书店出版。——译者注

香奈儿和芬迪的设计师卡尔·拉格斐（Karl Lagerfeld）的标志就是白头发马尾辫、黑色墨镜、高领的修身夹克衬衫和克罗心珠宝。

但是，我们不像他们一样因为重视效率和个性而购物。“买衣服很盲目，结果就是衣柜里都是一样的衣服。明明有好多件，可一旦要出门仍找不到能穿的衣服”，这样的人应该不在少数。

✦ 重点是能否“灵活搭配”

明明是相同的衣服，却不知道如何处理的人，请试着思考**能否把这件衣服灵活搭配**。

即使都是黑裤子，其所用面料有羊毛、棉、牛仔等，裤型有紧身裤、锥形裤、直腿裤和阔腿裤等，按裤长可分为全长裤、九分裤、及踝裤等。像“这件宽松的上衣搭配这条修身的黑色长裤”一样，如果你是能熟练灵活搭配的时尚高手，就无须赘言了。

我以前也想灵活地搭配，也买了相同的基本款（黑色高领毛衣、白衬衫等），却不会搭配，结果衣柜里都是刚刚买回来的新衣服。现在，我已经养成了习惯，**每到换季时处理从没穿过的衣服、新买的衣服和“撞衫”的衣服。**

虽说是处理衣服，其实是将大部分衣服卖给名牌收购商，那个价格真的是低!

花了 20 万日元买的想穿一辈子的博柏利风衣，当它被收购商定价 500 日元的时候，我真的是很失望。每当想起那种懊悔，自然就不得不慎重地买新东西（用闲置物品交易软件来卖，虽然也有可能卖出高价，但加上花费的工夫，我还是选择了专业的收购商或者捐赠）。

最近，据说可以通过骨骼诊断，了解自己适合什么单品。只要灵活使用，也许就能有效解决“好不容易买回来的衣服却不合适”的问题。

整理衣橱的 4 项要点

接下来，介绍 4 种具体的衣橱整理方法。

①首先把衣服全部拿出来，回顾整理。不会整理是因为过分沉溺于“过去”及“未来”。不要想着“以前总穿着，有回忆和依恋”或者“以后说不定还穿呢”。总之先考虑“现在”的自己会不会穿（请参照第 1 章第 7 节）。一时冲动买的衣服，直到要穿了还没剪下标签，有被高价收购的可能。

②不增加收纳物品和衣架。“规定必需品的数量”是整理的基本原则（请参照第 1 章第 2 节）。要事先规划好收纳的位置和使用的衣架数量，不要再增加。

③事先分组。将衣服按照“上装”“下装”等类别分组。

也可以根据不同场合按季节和色调分类，解决“不知道什么衣服放在什么位置”的问题。

④经常留心检查和循环利用。根据使用年限，衣服和鞋、包等会有损坏或不再流行。是否适合自己也会随着年代的不同而改变，所以要定期检查。

通过实践这4种方法，就可以明确必要的衣服/非必要的衣服，进而避免“明明买了很多，却没有衣服穿”这样问题的发生。

（√即使是同一件单品，也要常想着是否可以“灵活搭配”。
× 一想到它是万能单品，就忍不住买了。）

6 把“可惜”当作口头禅的人，与金钱无缘

有一次，来咨询的个体户内田洋平先生（化名，52岁）随意寒暄过后，突然这么说：

“我老婆啊，不舍得扔纸巾。稍微擦一下桌子、擦鼻子的纸巾都不扔掉，揉成团就那么放着。第二天干了再用。似乎是觉得扔了可惜。所以我家总放着用了一半的纸巾。而且，还有很多超市的塑料袋和百货商场的购物纸袋。这些袋子收起来也很麻烦，就散乱地放在厨房，在玄关处还放着好几把塑料伞。不收拾家，也攒不住钱。请帮我出出主意吧。”

我是第一次听说二次利用纸巾这件事。但是，不知如何处理超市的塑料袋、在玄关放了好多把塑料伞，这样的家庭很常见。因为新冠疫情的影响，好像也有人会大量积攒用完的口罩。

正如之前所述，这些家庭习惯都是不容易攒住钱的人的共同点。实际上，内田先生正是因为很难攒住钱而来找我咨询的。

过度的“可惜”精神，反而会更贫穷

那么，为什么明明不舍得扔掉消耗品、觉得扔掉了可惜，却还是攒不下钱呢?

“可惜”在日语中原本就是“没有威严、不庄重”，也就是不妥当、不周到的意思。而现在则被随意地用作表示舍不得、惶恐、感激等意思。

我记得小时候，每次想要扔东西，总听到生于明治时代的祖母像念咒语一样小声念叨“太可惜了，太可惜了”。

当然，日本人在某种程度上都拥有重视物品、不舍得浪费的美丽心灵。我并非想要否定这一理念。

总体来说，我自己也是很珍惜物品的人，认为扔东西很浪费。即使是一次性的纸尿裤，只有在孩子婴儿时期外出时，我才会用。我平时都喜欢用尿布。正因为如此，即使价格稍微贵一点，我也要买能长期使用、满意的东西。

但是，也要注意，避免被“可惜”精神过度束缚。就像开头提到的内田先生的家庭一样，完全舍不得扔东西，家里到处都是用过的纸巾、超市的塑料袋等无用的东西，需要的东西根本找不到，这样不知不觉就产生了浪费，从而形成恶性循环。

过度的“可惜”思想，如果成为不能处理物品、不整理收拾家的借口，那么弄不好还可能给生活带来危害。

✦“总有一天会用到的”，规定“总有一天”的期限为“× 个月，之后就扔掉”

带有年代感的“可惜”思想，在老年人中也很常见。

由于年迈的父母要入住养老院，远藤良子（化名，60 岁）需要处理老家的事务，她告诉我收拾堆满杂物的老家的情景。

“我深感对于老年人来说，判断是否应该处理掉物品是一件非常困难的事情。无论什么物品，当我问‘这个还用吗?’时，他们只会回答我‘总有一天会用到的’。对于出生于物质贫乏年代的父母来说，他们甚至仍有‘丢弃就等于犯罪’的思想。再加上做判断需要精力和体力。他们也没有足够的时间，所以结果就是全部都委托给专业人员处理。”

对于“说不定有一天会用到”这样的保留判断，设定 3 个月至 1 年的期限也是一种方法。事先决定如果超过期限还没有使用某物品的话，“总有一天会用到”中的“总有一天”就不会来了，那么果断处理掉物品（关于丢弃物品的判断标准，请参照第 1 章第 7 节）。

人们一边念叨着扔掉“可惜”，一边在家里囤积无用的东西，导致生活变得困难，找东西花费工夫，还浪费钱，正因为如此，在物质过剩的今天，这种行为可以说更是一种浪费。

（√设置一个期限处理物品，如“× 个月不用的话就扔掉”等。

× 坚持说“总有一天会用到”，无限期地囤积物品。）

7 越会断舍离，越能攒下钱

无论你愿不愿意，物品总是会在不知不觉间增加。有孩子的家庭，随着孩子的成长，校服、体操服、学校用品、教科书、大量的习题集、参考书、手工和绘画用品、练字用品、演讲作品等都是必需的，还有不用的生活杂物和化妆品、旧家电、旧衣服、旧鞋子、旧书、包装纸、纸袋、空箱子、广告赠品等。

2018 年逝世的女演员树木希林女士，是一位将“不拥有物品、也不购买物品”的理念彻底贯彻于生活中的人。我之前曾在一本杂志上看到过这样的评论，说树木希林女士即使是免费的物品也不会收下，我看着身边一不留神就不断增加的物品，反省自己要学习她的生活态度。

“年轻的时候买便宜货，就会损失钱哦。但是，拥有物品后就会被物品追着跑。不拥有的话，头脑会很清醒。整理花费的时间，一眨眼就过去了。”

（“50 岁之后的 10 年是人生的转折阶段。

——摘自《妇人公论》2016 年 6 月 14 日号”）

正如树木女士所说。不再买物品。整理物品、减少数量的同时有效利用可用的物品。这对家庭收支管理非常重要。越会断舍离的人，越能攒下钱。

✦ 将物品分为 3 类，便于判断是否扔掉

那么应该怎样整理和处理物品呢?

近藤麻理惠女士的畅销书《怦然心动的人生整理魔法》中“是否怦然心动”是筛选的标准。当然，这个方法也不错。（因为容易理解，我在处理衣服的时候也使用这个方法!）

但是，我所想的分类方法更契合现实需要，共有以下 3 点（见图 1–2）。

分为 3 类，便于丢弃

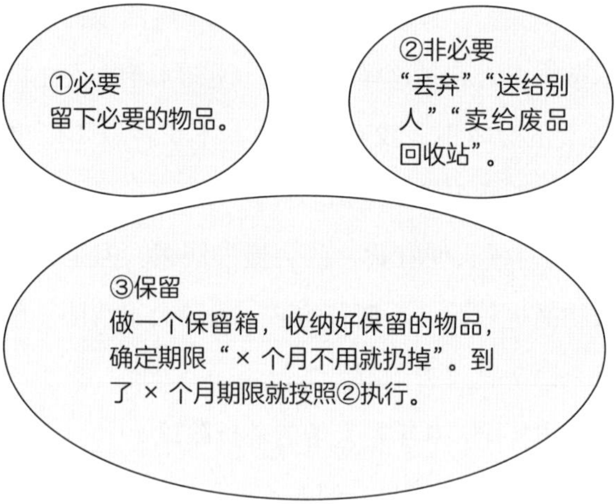

①必要
留下必要的物品。
②非必要
“丢弃”“送给别人”“卖给废品回收站”。
③保留
做一个保留箱，收纳好保留的物品，确定期限“× 个月不用就扔掉”。到了 × 个月期限就按照②执行。

图 1–2　物品分类法

图 1–2 的重点是③保留。立即判断物品属于①还是属于②，这件事竟意外地很困难。那么先暂且将物品保留下来，也减轻了心理上的负担。如果可以的话，最好分别制作一个较大的箱子，然后再慢慢将物品进行分类。

我以前收拾老家的时候，为了确保整个房间都可以收拾到，会把所有地方堆积的物品都进行分类。通过物品的“可视化”，一向不知应该如何入手，对收纳整理一窍不通的母亲，也可以将应该做的事情具体化，并且明确判断的标准，使分类变得更容易。收拾效率一下子就提高了。而且，随着房间逐渐变得整洁，母亲也越来越有干劲。

✦ 从“身边小范围”开始着手

话虽如此，也有人无论如何也不舍得扔东西，不善于断舍离。我推荐有这种情况的朋友，一开始处理的量要小（小范围），而且是从身边经常使用的物品开始着手。

没错，就是从大家的“钱包”开始。把钱包里的所有东西都拿出来看看，按照图 1–2 讲述的①～③试着进行分类（钱包的整理方法请参照第 1 章第 8 节）。

整理好钱包后，下一步开始整理名片盒或是抽屉、书架、衣柜、餐具柜等。试着从身边的地方开始整理收拾吧。

最近，也有人定期把闲置物品发到闲置物品交易软件上卖掉，赚了不少零用钱！我对这个不是很擅长，所以就把这个任务交给了读高中的女儿。我整理闲置物品，并不是为了赚钱，而是为了收拾和有效地利用物品。我告诉女儿“这些闲置物品卖完获得的钱，都可以当作你的零用钱”，女儿更是干劲十足，开始把家里都检查一遍，搜寻闲置物品。她还说“妈妈的书也可以在煤炉[①]卖掉哦”……

危险了，我女儿差点连放在家里的存货都要拿出来。这可不是不良库存！

（√区分必要 / 非必要，把物品整理干净。
× 觉得总有一天会用，总也不扔，被物品所累。）

① 日本最大的二手交易平台，音译为煤炉。——译者注

8 攒钱的钱包里只有 2 张卡

这是杂志定期邀请我接受采访的主题！也就是钱包特辑。

钱包出乎意料地受人关注。而且，从钱包也能判断出一个人是否会攒钱。首先没有人会因为有一个被卡和收据塞得鼓鼓的“猪猪钱包”，而切实地觉得自己能攒钱。不会整理钱包的人，主要有以下 3 种类型：

○不擅长整理收纳收据类别——家庭收支管理不严谨型

○有很多信用卡、积分卡——优惠中毒型

○什么都先往钱包里一放——拖延“猪猪钱包”型

这样一来，钱包里应该攒下的钱反而攒不下了呢。相反，会攒钱的人把钱包里面的东西压缩到最低限度，钱包里面总是很整洁。这样的人对金钱的使用方法和生活方式把控得很好，他们不会因“今天是积分日，买点什么再回去吧”，去进行消费和浪费。让我们记住钱包是“反映一个人生活状况和家庭收支状况的一面镜子”。

原则上不带现金卡，只带两张信用卡

当然，如果你只是意识到风水问题，对钱包进行改变，或是整理钱包，就能变得会攒钱，这有些不切实际。而且，也有的人既拥有一个“猪猪钱包”又很有钱。

重要的是，掌握钱包的内容，理解金钱的使用方法。那么，接来下我将介绍整理钱包需要注意的几点事项。

①把握钱包里有什么。首先确认“不打开钱包看，能否说出钱包里都有什么”。里面放了多少现金？卡都是什么类型的？无法回答的人，无法掌握资金的流向，也很难说他做好了家庭收支管理。所以第一步要精简钱包。

②定时查看积分卡。把钱包里的积分卡等卡片全部拿出来，检查是否过期。剩下的卡不要放回钱包，而是放在家里保管，只在购物的时候才放进钱包带出来。使用频率高的卡，也可以用手机软件进行管理。总之“今天要买这个，用积分卡吧”。养成按计划购物的习惯。把半年不使用的积分卡处理掉。

③不随身携带现金卡。现金卡只在存取款和转账汇款时使用，除此之外基本放在家中保管。如果手头现金变得不够花，就切断取钱的途径。根据家庭收支的预算，手上留有一定金额的现金，或者都用非现金支付，这样金钱管理变得简单，容易理解。

④将信用卡、借记卡压缩至2张。用好多张卡付款的话，金钱管理也会更复杂。限定真正使用的卡，将不用的卡注销。另外，担心会过度使用的人，可以用即时扣款的借记卡。

⑤认真整理收据。将钱包中所有的收据都拿出来，为了能如实反映在家庭账本上，事先用信封等整理好。还可以使用把收据拍照就可以记账的软件，拿到收据的时候，拍照后处理掉。

✦ 长钱包和迷你钱包，用哪个更利于攒钱

最近，随着无现金化的发展，把信用卡放入智能手机的手账型手机壳[①]中，买东西就能用智能手机和放在手机壳里的卡进行结算，加上实际的钱包，“带着2个钱包”的人也越来越多了。而且，钱包也变得小巧化。以前，都说使用长钱包的人能攒钱，但我想现在用迷你钱包的人也很多。

使用哪种钱包更利于攒钱呢？我经常被问这个问题，但重要的并不是钱包的形状，而是能否根据自己的生活方式和目标选择钱包。

例如，如果您是无现金派，就选择迷你钱包，其体积小，里面只放需要的东西，不得不好好整理；如果您是没有现金就

① 带有卡套的翻盖手机壳。——译者注

会不自觉地过度花钱的现金派，那就要用长钱包，方便看到里面的钱，也方便整理收据，只用钱包就能完成餐费、日用杂货等支出的管理。

（√把钱包里东西的数量控制在最小的必要限度。
× 继续用鼓鼓的、里面乱七八糟的“猪猪钱包”。）

9 被网络信息迷惑，会吃亏

全职主妇大崎野乃花女士（化名，30 多岁）是一位养育两个孩子（年龄为 3 岁和 5 岁）的妈妈。孩子们还很小，需要有人照顾，所以她没有时间好好看报纸和电视。社会上的新闻和消息，她几乎 100% 是从手机上获得的。

特别是受新冠疫情影响，政府延长了紧急事态宣言的实施期限，在和家人以外的人断绝接触期间，更是如此。处于这种状态的也并非只有大崎女士一个人。但是，令人困扰的是被网络上散布的谣言和假新闻欺骗，对家庭收支也会产生不小的影响。

例如，口罩和卫生用品自不用说，体温计、纽扣电池、小麦粉、面类等，大崎女士一看见这种日常生活商品售罄的新闻就会坐立不安。当然一听说“厕纸的制造原产地受新冠疫情影响即将停产”，她就会马上在网上大量下单。

物品的价格由供给和需求的关系决定，所以这时的价格当然要比平时贵很多。即使是这样，但为了家人，舍卒保帅，大崎女士还是会继续购买。

紧急事态宣言解除以后，每次外出购物，当亲眼看见此时的价格与之前高价购买的商品之间的价格差时，大崎女士后悔极了："当时再冷静一些，去核实消息就好了。"

辨别信息的 4 个要点

如今，我们可以立即从网上免费获取世界上的任何信息，这是获取信息十分便利的时代。另外，有像大崎女士一样被网上的信息所迷惑，开销越来越大的人，也有因可疑的投资和"致富妙计"而大受损失的人。不管怎样，信息是有效利用有限金钱不可或缺的东西。

其中最重要的是这些信息是否正确，对自己来说是否有益处等"辨别信息的方法"。下列 4 点是辨别信息需要确认的要点：

①作者、投稿者、所属单位、资格……信息是谁写的?

②引用文献等信息源、版权信息……信息的来源和出处、引用文献是什么?

③网站所有者、出资人、广告政策、利益冲突……发布信息的人有什么目的?出资者是谁?是否有广告的目的?

④最终更新日……什么时候发布的信息?最终更新日是什么时候?

明确这 4 点的话，信息的可信度就很高了。总之，信息应是来自官方机构的“第一手信息”。而且，信息最初由哪里发布也很重要。之所以这样说，是因为正确的信息来源很有可能相互有关联。

尝试重新审视自己“处理信息的方式”

除了“信息的辨别方法”，还有一点也很重要。那就是“处理信息的方式”。前者是指如何获取对自己来说是证据（具有科学依据）的信息。后者是如何消化得到的信息。

例如，早上的天气预报说“今天的降水概率是 50%”，有人会想“那出门得带伞”，也有人会觉得“只有一半的概率下雨，可能不下雨。带伞太麻烦了，出门不带伞也行”。

每个人的思考方式、价值观、性格不同，处理信息的方式也各种各样。实际上，如前面所述，大崎女士是大家公认的爱操心的性格。“虽然我心里知道不用囤那么多，但还是担心万一真的断货了怎么办。”

对于大崎女士来说，应该重新审视自己处理信息的方式，从一开始就不去看那些故意煽动不安情绪的新闻。我建议她多对照几个消息来源，以确认信息的可信度。

现在是不知道信息就会“吃亏”的时代。但是，被泛滥的信息迷惑，也会失去宝贵的时间。今后，与如何获取有价值的信息相比，如何对信息进行取舍选择、如何舍弃，这项技能也很重要，希望大家也能有所体会。

（√摒除自己不需要的信息。辨别信息的方法很重要。
× 总之，获取的信息越多越好。）

第2章

在便利店买酒，就能攒下钱

——金钱使用篇

为什么你攒不下钱？

“金钱”和“幸福”几乎没有关系，有关系的应该是金钱的“使用方法”。

10 理财专家在便利店买酒

在这一节中，我想稍微聊聊我平时的习惯。虽然我从事理财规划师这个专门研究攒钱的工作，但若实际上我穷困潦倒、负债累累，那么客户对我信赖度也会一落千丈吧。话虽如此，我并没有住塔楼①、全身穿名牌、坐豪车兜风、过着奢华的生活，我谨记要有与自己的价值观和身份相符的生活。

我也不是一个拘泥于“食物”的人。我基本上不在外面吃饭，也不去地下商场或高级超市买食材或熟食，我只是在家附近的超市解决。

硬要说有什么不同的话，就是我的原则——“尽量减少购物的次数”。受新冠疫情影响，政府建议人们不要外出，我每周最少设置3天“非购物日”，以节省记账的时间和精力。

另外，我基本上是不开车去购物的，而是骑妈妈自行车②去。因为双手要握着车把手，所以买的东西只能放车筐里，肯

① 超高层公寓。——译者注

② 妈妈自行车通常前面会有一个篮子，方便出门购物，后面也可以安装一个孩子坐的安全椅。——译者注

定只能买一车筐装得下的东西。将最低限度的肉类和蔬菜、牛奶、鸡蛋等必需食材都放入车筐后，就没有地方放果汁和点心等食物了，也就避免了乱花钱。既能省钱，又能锻炼身体，真是一举两得。

✦ 运用节省下来的钱，建立以钱生钱的系统

那么这样节省下来的钱，应如何使用呢？每个月节省剩下的钱，也可以用于其他方面的消费，但我推荐各位朋友，把手头剩下的钱尽可能地运用起来使其增值。

假如，本金为 10000 日元，以 5% 的复利计算，第二年的本息是 10500 日元，第三年是 11025 日元，以此类推，10 年后就是 16288 日元，通过利滚利，钱就会阶段性地增加。

爱因斯坦曾说“复利是人类最伟大的发现”，但在这个低利率时代，为了巩固复利，重要的是尽可能地增加本金。想买东西的话，用从中得到的收益（分红和转让收益）来买。只要不动本金，就能持续获得一定的收益。

因此，考虑到节省第一，平时买东西应该尽量去价格便宜的超市。但是，对于“某个东西”我只会去便利店买。

✦"即使单价便宜，也不应该大量囤积的物品"是什么？

这个"某个东西"就是酒。从购买单价来看，从价格便宜的超市或购物网站批量购买才是正确的选择。但是，对于特别喜欢喝酒的我来说，酒是让人欲罢不能的饮品。刚喝完一瓶，就容易不知不觉伸手再拿一瓶。如果买了很多，很容易想象这样的结果——"反正还有那么多瓶，再喝一瓶吧"。

这样的话，无论如何降低购买单价，结果还是会花很多的钱，饮酒过量的话，还会影响第二天的状态，对健康也不好。因此，只有酒，我会在价格稍微贵且距离近的便利店买，每次只买当时要喝的量。我虽然在第 1 章第 4 节中写道"便利店的商品单价高"，但这样做正是利用单价高这一特点，防止自己过度购买 / 过量饮酒。

对于不喝酒的人来说，甜品似乎也是如此。手边有甜品就忍不住多吃的人，最好每次都去便利店买甜品，这样做能防止甜品食用过量，既健康又节约。每天都期待着吃一杯高级冰激凌的人，因为划算而买了一大桶，结果是胖了身材、瘦了钱包。

一个人生活的话，便利店是个不错的选择。如果一日三餐都是自己做，去价格便宜的超市买菜，自己安排是最好的选择。但是一个人生活常常会因为许多事情没时间自己做饭，而把食物放坏。考虑到这个风险，便利店中“一人份”大小的食材和熟食，虽然价格稍贵，却很合适独居生活的人。

虽然价格很重要，但过于在意价格的话，会浪费时间及其他重要的东西。

（√喜欢的东西，虽然便利店的价格稍微贵一点，但是每次都在便利店里购买。

× 让人欲罢不能的酒和甜品，因为在意单价而囤货。）

11 过去未曾拥有的，多半是不需要的

我在第1章中写道，收拾整理收纳的要领在于分辨“需求”和“欲望”。这同样也适用于购物。

所有人在购买商品或接受服务之后，都曾有过后悔的经历“为什么要把钱花在那个东西上”。

为了不让自己有这种悔意，重点就是要思考，分清要买的商品究竟是必需品（需求）还是仅是想要的非必需品（欲望）。**区分“需求”和“欲望”，就能享受理智消费的生活。**

有人会觉得“这也许会有点难……”，用图来解释会更容易理解。如图2–1所示，以纵轴为“需求”，横轴为“欲望”，画出坐标轴，试着把想要的东西标注在4个象限中的某个位置。

例如，如果对商品的需求程度和所抱有欲望的程度都很高，基本上就可以“购买”。但是，也应该在买之前了解购买所需的费用、买后的维护费用、使用效果。特别是在费用方面，虽然价格有点贵，但如果从长远来看，有削减成本、节省时间等很大优势的话，就可以“购买”。

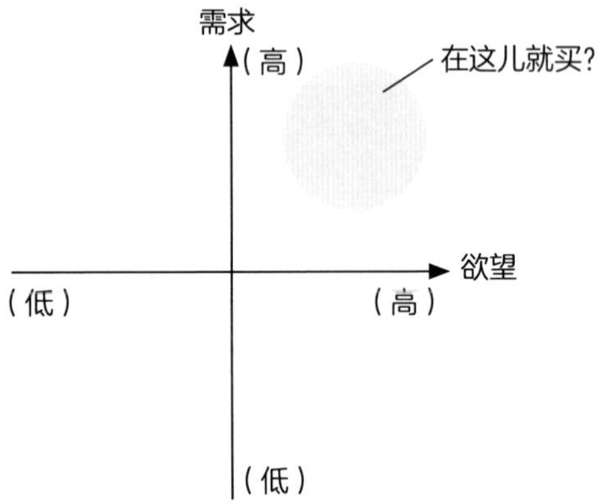

图 2-1 区分需求和欲望

新买的东西，“真正需要的东西”极少

但是，我们应该知道，世界上的各种商品和服务的市场战略几乎都是诉诸需求产生的。例如，“衣服”是生活必不可少的物品（需求），但对于大多数人来说，已有的衣服就已经足够穿了。尽管如此，还要继续买的原因，是那件衣服的材质好，或者是流行的款式（欲望）。

而且，像小孩子经常央求说“这个肯定有用，给我买吧”，也有被消费欲望蒙蔽双眼，分不清“需求”和“欲望”的情况。

在物质充裕的现代，我们的“需求”大多已经得到了满足，希望大家能时刻意识到“以前没有但想买的东西”很多都是被“欲望”所支配的。

顺便说一下，我正努力尽量不去百元店。因为一看到商品，就会产生“啊，有了这个可能会更方便呢”的错觉，误以为那是必需品。就算价格只有 100 日元而且消费税很便宜，积少成多的消费也是不可疏忽的大敌。

虽说如此，但每个人对商品和服务都有着不同的价值观。两者的区别根据人和情况不同而不同。关键在于要判断和认清这件商品“对自己而言，是否真的需要”。

像这样思考生活中的金钱使用方法并付诸实践的过程，我们称之为“决策的过程”（图 2–2）。说不定我们也在不经意间按照这个流程形成决定。

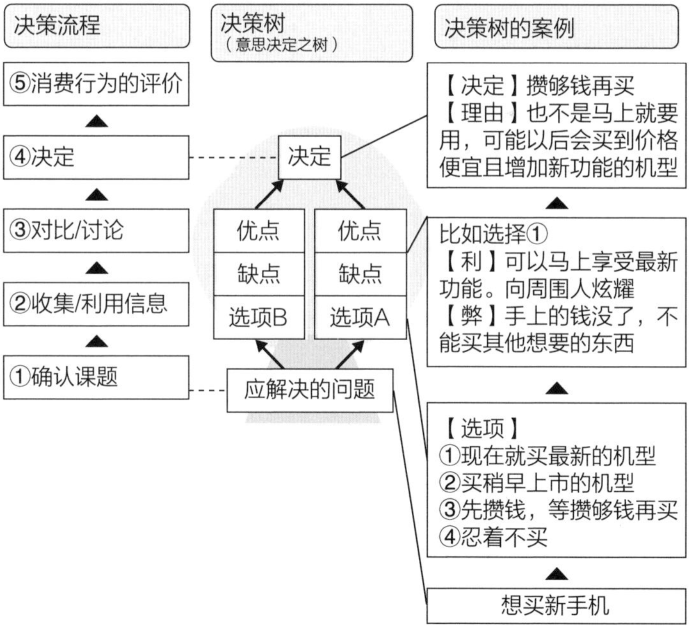

图 2–2　购买大件商品时的思考流程

通过“决策树”来决定是否应该购买

决策的方法之一就是“决策树”，是指为了做某个决定，将所有能出现的选项和可能性都一一列举，在此基础上做出最适当的选择。

如图 2-2 所示，针对“想买新手机”这个应该解决的问题，列举了 4 个选项，试着思考它们各自的利弊，然后在此基础上做决定，从而作出“合理的决策”。

如果你采取某种行动进行消费，除了付出的代价 / 金钱，你还会因选择它而放弃或者得不到其他部分（机会成本 / 损失），即图 2-2 案例中的缺点“不能买其他想要的东西”。

很多缺点都是可以很快纠正的。但是，在人生重大的选择局面中，会产生数百万到数千万日元的机会成本。例如，影响人生三大支出之二“把教育费用当作家庭开支中的‘圣域’，就是在减少养老资金”（请参照第 5 章第 41 节）等就是很好的例子，另外，请注意也有很难纠正的缺点。

在购买大件商品时人们可能无意识地运用这样的决策流程。

但是，通过画图或者写下来，明确消费行为对自己的利弊，会更容易判断是否真的需要该商品。各位朋友不妨也尝试一下。

（√通过判断商品是“需求”还是“欲望”，认清是否真的需要。
×混淆“需求”和“欲望”，容易不知不觉产生消费。）

12 过于在意性价比的人，资产容易受损

性价比是指相对于付出的成本（费用）来说，获得的收益（成果）的多少。例如，像“午餐能吃到和晚餐食材相同的料理，这家店的性价比很高啊”这样，在日常生活中经常见到。

尤其20~39岁的千禧一代①，人们认为这一代人比起外表，更重视性价比。正因为这一代人是在网络普及的数字信息环境下成长的第一代，信息素养高，享受高性价比的时尚，擅长在小店里找到具有高功能性和实用性的商品。

也有人会误认为“性价比高 = 便宜”，但其实这是两回事。性价比是人们通过对比付出与回报，根据收获是否比付出多、是否有较高满足感的回报来判断的。另外，性价比不仅适用于费用，还可以用于综合时间、劳动、重要性等来衡量优势和劣势，如“那个兼职性价比高吗？”等。

总之，性价比是“花费多少费用和劳动，可以获得多少好处（利益）”，是对效率性的判断。

---

① 千禧一代是指出生于20世纪且20世纪末成年，在2000年以后达到成年的一代人。——编者注

乍一看，日常生活中重视性价比，给人一种非常合理的印象，但如果过度在意性价比，就有可能失去重要的东西。

✦ 分开考虑“可用性价比衡量的东西”和“无法用性价比衡量的东西”

这里的“无法用性价比衡量的东西”是指“经验”这个重要的资产。一个人对性价比的判断本身就要根据他当时的价值观、见识和喜好等因素。

也许有的朋友现在感受不到经验的魅力和价值，但随着年龄的增长，就会明白它的好处和趣味。如果过度重视性价比，却失去实际体验的机会，那就太可惜了。特别是对于 20 多岁、30 多岁的年轻人来说，经验就是巨大的资产。这个年龄段正是无须过多考虑性价比，尝试各种事物的大好年华。

当然，也有人对自己现在的价值观和判断能力有绝对的自信。但是人感受到什么、感受到多少价值，会随着时间和相关性的变化而不断变化。而且，只是沉浸于“现在的自己所能理解的事物”的话，人就无法成长。

我认为重视性价比的想法本身并没有错。但是，在这个世界上，不仅有消费和服务等“可用性价比衡量的东西”，还有经验、人际关系等“无法用性价比衡量的东西”。所以重要的是将两者分开去考虑。

仅凭性价比来选择物品，总有一天会后悔

过于在意性价比的坏处还有一个，那就是性价比高的商品层出不穷。电脑、智能手机、平板电脑、电视机、汽车、空调等，每年都有性能提升的新产品问世。苹果公司，每年9月都会例行召开新品发布会。

而且，每当新产品问世后，旧产品的价格就会下降，也会低于自己当初购买的价格。金融产品也是如此，如保险等，针对现有的医疗状况，会不断推出价格便宜、保障内容充实的保险商品。

因此，仅以性价比为标准选择商品的话，可能早晚会后悔。

即使是因为“这是从性价比的角度来看，最好的商品”而购买，这里的“最好”也仅是指购买时间当下的最好，稍微过一段时间，还会有性价比更好的商品上市。如果能想象到那时会有多么后悔，我们就需要重新思考自己选择物品的标准。

而且，还有可能出现，如为寻找更便宜的商品浪费时间，买到劣质产品结果不耐用，或者陷入商品不符合自己的需求而需重新购买的窘境等情况。

如果以“节约”为目的，重视性价比的话，不仅要考虑价格，还需仔细研究是否符合自己的需求、是否喜欢。虽然价

格稍微贵一点，但是很珍惜地使用，从长远来看，可能会得到高性价比的结果。

（√分别判断“可用性价比衡量的东西”和“无法用性价比衡量的东西”。

× 认为性价比是万能的，不管什么都用性价比衡量。）

13 虽出生时贫富不同，但每个人的 1 天都是 24 小时

有句流行语叫“父母盲盒”[1]，包括金钱在内，每个人所处的环境都是不平等的。但是，也有对所有人都公平的东西，那就是时间。

也许有人会说，仅有时间也无法过上富裕的生活。但是，时间也是与金钱紧密相关的。人们为工作和职业发展而学习、搞副业或者投资，在这些方面花费的时间，会对后半生的资产情况产生很大的影响。

话虽如此，如果你觉得“还要加班，抽不出时间”“要工作、做家务、育儿，哪儿还有自由的时间”，那么我推荐你使用“家庭时间簿”（图 2–3）。

通过家庭时间簿将自己的时间可视化。首先请试着梳理一下，自己每天 24 小时都在做什么。会不会意外地发现发呆的时间呢？这样一来，只要想点办法就能发现可以利用的时间。受新冠疫情影响，在家办公的人数增加，可以关注节省下

① 日本流行语，指出生在什么样的家庭不是自己能选择的，就像拆盲盒一样全凭运气。——编者注

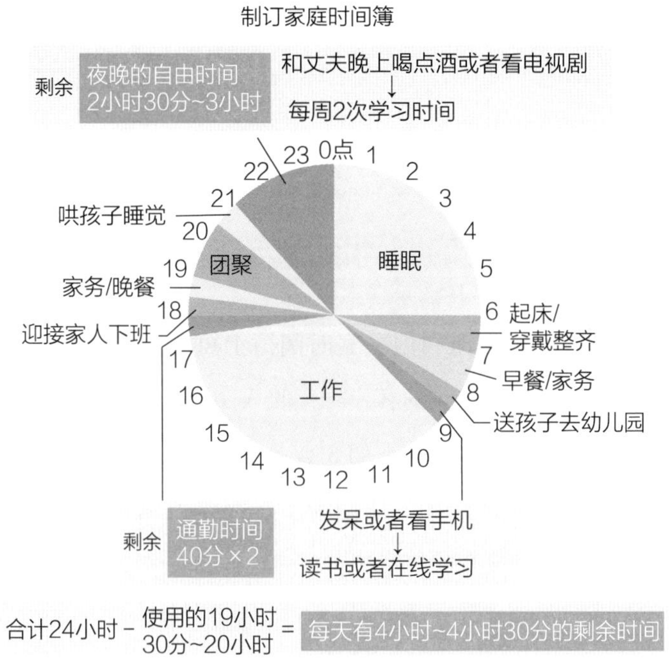

图 2-3　制订家庭时间簿

来的通勤时间。通勤时间可以用来在线学习、读书、考取资格证书。即使每天只利用 1 小时，坚持 1 个月就会积累 20 小时。高效利用时间的人，会很好地利用这些碎片化时间。

家庭时间簿可以写在笔记本上或者用智能手机、电脑记录。还有很多方便记录的软件和应用程序。软件和应用程序还能帮助我们分析，方便积累数据。自己使用时间的习惯和缺点也会展现出来，一目了然。

与金钱一样，每个人在使用时间的方法上都有各自的习惯，如果能意识到这一点，就能找到对策。例如，如果早上很忙没有时间，而晚上刚好有一些空闲和碎片时间，就可以在前一天晚上准备好第二天的饭菜。

能创造金钱的时间使用方法

接下来，要如何利用家庭时间簿上可视化的时间，才会与金钱产生关联呢？我的客户中年收入 1000 万日元以上的人，时间使用方法的共同点为下列 5 点：

①经常设置优先级。他们为了更有效率地利用时间，会明确自己把重点放在哪件事上。经常设置优先级，养成梳理做事顺序的习惯。

②判断事情花费的时间短。将事前犹豫是否应该实行的时间最短化。

③不在没必要的事情上浪费时间。不想去的聚会、上网、消磨时间的游戏等自己决定“不做”的事情，就不要做。

④对于必须做的事情，不拖延。先把“必须做的事情”做完，就不会在临近结束的时候因为着急而感到巨大的压力。

⑤一旦决定就立即行动。有人总想着“等什么时候再做吧”，这样的人一辈子都不会开始。备考资格证书或者跑步等，一旦决定了应该做的事情，就能够合理安排时间的人，更容易获得成功。

“只有时间，上天给我们每一个人的都是平等的。如何有效地利用时间取决于个人的才智，善于利用时间的人，就是这个世界的成功者。”被称为“世界的本田”的本田技研的创始人本田宗一郎如是说。

尽可能地增加自己可以自由使用的“可支配时间”，来提高使用效率。把时间当作朋友，通过长期投资，能够分散风险、增值资产。利用时间，还可以省钱。总之，是漫不经心地度过有限的时间，还是高效地利用时间，去做对自己有利的事情，这取决于每个人的才能。

（√制订“家庭时间簿”，重新审视空闲的时间使用方法。
× 反正想办法也没有用，放弃吧。）

14 攒钱的人应该这样使用家政服务

总务省[①]“2016年社会生活基本调查”显示，双职工家庭每周在家做饭、打扫、洗衣服、购物等“家务”上花费的时间：男性无论有没有孩子，时间都是29分钟，不足30分钟；而女性在仅有夫妻两人的家庭中为182分钟，在夫妻与孩子共同生活的家庭中为233分钟。从此可以看出，女性花费的时间是男性的6~8倍。而且很明显，有孩子之后，女性的负担会进一步加重。

我家也是有孩子的双职工家庭。由于工作性质，我经常在家工作，家务和育儿基本上我一个人就可以胜任。大致来说，在早上和晚上的6~9点这个时间段我几乎都在做家务。也就是说，一天有四分之一的时间消耗在家务上。

被寄予期望，为家务省力的扫地机器人和带烘干功能的全自动洗衣机，虽然价格稍微有点贵，但我们还是早就购买了

---

① 总务省是日本中央省厅之一，管辖行政（日常行政）、公务员、地方自治、选举与政治资金、通信传播、邮政以及其他构成国家基础的诸制度。——译者注

（由于厨房空间问题而放弃了洗碗机）。

尤其是扫地机器人特别好！不仅打扫得干净，使用方便，而且当我看着扫地机器人在努力打扫，就感到不只是我一个人在做家务。我是那种不做好家务、不把房间整理得干干净净，就无法集中精神好好工作的性格，虽说这也没办法，但我深切地感受到，这是对家人的无偿奉献。

花钱节省时间的优点

说到“节省”，就是指花费时间来减少花钱消费。但是，有时候反过来，花钱节省时间的好处更大。

针对女性花费大量时间做家务，出现了各种各样的家政服务。利用这些家政服务，将节省下来的时间用于工作、副业、考取资格证书、投资等方面，很可能会提高收入。而且还能减轻身体上或精神上的负担，提高对生活整体的满意度。

被拍成电视剧的《家政夫渚先生》[①]讲述的是努力工作的28岁职业女性因突然出现的家政夫和竞争对手的关系而困扰的故事，是一部爱情喜剧。主人公芽衣结束了一天的工作感到很累，回家后被干净的房间、叠得整整齐齐的衣物、温暖美

① 『家政夫のナギサさん』，四原振子著，哈珀柯林斯·日本出版。——译者注

味的饭菜所感动，“被治愈了”——很多人对这句台词产生了共鸣。

四成的家政服务使用者是年收入 700 万日元以上的双职工家庭

虽说如此，但还是有很多人在意费用负担。野村综合研究所以 25~44 岁的女性为对象开展的家政服务业相关调查（2018 年 3 月）显示，利用家政服务的约占 1%。包括老用户在内的现有用户的占比约为 3%（使用经验率），因此很难说家政服务已经普及。而且现有用户中约 44% 为年收入 700 万日元以上的双职工家庭，由此看来，使用者还是经济富足的家庭居多。

费用标准根据委托的内容、时间和频率等具体情况而定，基本费用一般为每次 5000~9000 日元（2 小时）。并且还要加上延时费和工作人员的交通费 / 指名费，晨间 / 夜间附加费等。另外，多数家政服务从业者还会提供约 5000 日元的试用包，可以尝试一下。

此外，之前所述的调查显示，在已经使用家政服务或正在使用的人中，每次为家政服务支付的（支付过的）金额（交通费除外）多数为“9000 日元以上”（32.4%）。

不只是日常家务，在年末年初和搬家前、长期旅行回家后、生病受伤住院等时候，人们也会请家政服务。如果考虑节约开支，我推荐“只在工作的关键时刻使用”“我下决心‘如果完成了这一期的任务，作为对自己的奖励，请人帮忙做家务’”等。最近也有人把它作为礼物送给父母和家人（芽衣就是收到了妹妹送的礼物）。

顺便说一下，我也定期使用房屋清洁的家政服务。即使花费了一些钱，但只要夫妻之间没有无谓的争吵，能够维持家庭的和睦，就可以把它看作生活必要的花费。

也许会有很多女性觉得“怎么能把家务外包出去呢”，会有罪恶感，但是正如前文调查所显示的那样，我认为女性作为女儿、妻子、母亲、儿媳已经很努力了，不妨“努力让自己轻松一下”。

（√利用家政服务，节约时间并减轻身心负担。
× 把自己能做的家务外包出去，真是太奢侈了吧。）

15 突然决定连休假行程的家庭容易攒不下钱

目前日本每年的节假日有16天。从2016年起，8月11日被定为“山之日”[1]，因而假期只有这些天数。近年来，为了制定周六/周日/周一的三连休，导入“快乐星期一制度”[2]，就给人一种连休人数一下子增加了的印象。我小时候很少有三连休。不过，增加休假也不全是令人高兴的事情。

第一生命保险株式会社[3]每年都会举行的上班族川柳大赛[4]，现在已经成为反映时代世态的指标之一。“东京天空树和家人一起爬上高高的树”（天空之城/第26届2012年第一生命上班族川柳大赛，摘自《在上班族川柳大赛思考“日本的

① 山之日是日本的法定节假日，定在每年的8月11日。旨在“感谢山川给予的恩惠”。——译者注

② 快乐星期一制度是日本通过修改法律，将一部分国民的公共假日由原有日期改为某月的第几个星期一。这样连上周六、周日，就可以实现三连休。——译者注

③ 第一生命保险株式会社，是日本最有实力的人寿保险公司之一。——译者注

④ 是企划大赛。——译者注

消费”》）就像咏唱的那样，出门就要花钱。而且，有很多人明明平时很节俭，但长假出门会一不小心就松开钱袋子，花钱如流水，最终后悔不已。

去景点旅游、去游乐场玩，享受之后收到的是一沓账单或信用卡账单明细。以“好不容易出来旅游，来都来了”为借口，不断浪费，到了下个月就会大伤脑筋。

休闲娱乐费不要按“月”计算，而是要按“年”进行预算管理

虽说如此，享受旅行和休闲娱乐时，太在意费用的话，也是不明智的。品尝美味的食物，和家人、朋友经历非凡体验，创造美好回忆，对于充实的人生来说也是十分重要的事情。

问题是如何保持平衡。与餐费和通信费等相对固定的费用不同，不同月份的休闲娱乐的支出会有较大的不同，我建议大家不要按“月”计算，而是要按“年”进行预算管理。

表 2–1 为总务省的家庭收支调查报告（2017 年），包括一般外出用餐费、住宿费、旅行套餐费等，将家庭经济支出中的休闲娱乐费用按照不同的家庭年收入进行了整理。

按年收入分类来看，平均年支出约 34 万日元。根据不同的年收入，休闲费用消费占年收入的 3%~7%。以这个数字为参考，制订“年度预算”的话，例如，即使因为 4、5 月的长

表 2-1　不同家庭年收入阶层的休闲花费

单位：日元

费用类别	平均	第一阶层（455 万以下）	第二阶层（455万~592万）	第三阶层（592万~732万）	第四阶层（732万~923万）	第五阶层（923 万以上）
一般外出用餐费	164604	111156	135816	154284	183876	237900
住宿费	21972	12948	14208	18108	22968	41592
旅行套餐费	39458	34896	29664	23208	33780	75804
其他教育娱乐服务费	110592	81768	89952	105288	120252	155736
合计（年）	336626	240768	269640	300888	360876	511032

资料来源：总务省统计局《家庭收支调查报告》(2017 年),《五个阶级每户每月的收入和支出》。

假而超出了预算，也可以控制暑假及除此以外的假期休闲费用，可以以全年为基准进行合理调整。

✦ 用“可使用的钱乘 0.8”来制订预算

然后，在制订计划时，用“可使用的钱乘 0.8”来制订预算，这是重点。到了假日或度假时，心情变得开阔起来，就会去买礼物犒赏自己或者家人、去折扣店大量购物、去酒店点昂贵的红酒或菜品等，很容易挥霍金钱。根据“可用的钱乘 0.8”可以抑制冲动消费。

并且，重要的是制订计划的时机。“因为这个月有长假”，所以如果匆忙地预订旅馆和交通工具的话，正如大家所知，价格会比淡季贵很多。

例如，旅行套餐和飞机票等可以提前预约以使用折扣或代金券，旅行费用也可以用旅行储备金等，这样就能享受到费用合理的休闲娱乐。我有这样一位客户，每次购物都用信用卡来积累里程，每几年就会带全家去一次夏威夷旅行，并以此为兴趣。

我接受家庭收支咨询，注意到收入较高的家庭容易陷入长假消费浪费中。低收入家庭通常会清楚地认识到不勒紧裤腰带就无法维持家庭生计。

要偿还巨额房贷，对孩子的教育要花钱，平时支出就很多的家庭在连休期间外出的话，也很容易没有约束，超额支出，最后必然会成为“高收入低储蓄”的家庭。所以我们要有意识地张弛有度，理智地享受休闲娱乐。

（√制订“年度预算”，在预算范围内尽情享受。
×没有约束，超额支出，花钱如流水。）

16 与养“狗”相比，养“猫”更容易攒钱

猫狗等宠物在主人眼中已成为家庭成员。主人倾注在宠物身上的爱会得到很好的回应，宠物的可爱动作看着就很治愈。

话虽如此，最近“因宠致贫”有所增加，正如字面意思，这是指为了宠物支出增加，变得贫穷的状态。

居住在首都圈的皆藤真一郎先生（化名，49岁）在某一年春天，为祝贺长女通过中学入学考试，买了一只贵宾犬。小狗刚出生2个月，价格有点贵，需要40万日元。不过，这是“对努力备考的女儿的奖励，也是对支持女儿的妻子的犒劳”，皆藤真一郎一高兴就买了下来。但是支出并不只有这些。

虽然家用的狗笼、狗粮、狂犬病疫苗等花费都在预料之内，但光是这样，一个月就轻松花掉了1万日元。而且，因为是刚出生不久的狗，据说生病的风险比成年狗高，所以皆藤真一郎先生还购买了2个宠物保险。保险费一年需要10万日元。

再加上，每个季节的宠物修剪毛发费各需约6000日元以及宠物医院的费用等，少说一年总共也得需要30万日元。而且，贵宾犬的平均寿命约为15年，是有名的长寿犬种。虽然皆藤先

生的年收入超过1000万日元，但孩子的教育费不断增加，再面对家庭支出中月均2~3万日元的额外宠物费用支出，只能用心痛来形容了。

皆藤先生现在深感后悔，“养（买）活物是一件不容易的事情，要是再好好考虑考虑就好了”。话虽如此，现在为时已晚。可爱的狗狗比开始进入青春期的女儿们更亲近皆藤先生，已然是生活中重要的存在。所以即使花费再多成本，皆藤先生也不会考虑放弃它。

✦ 养狗平均每年花费33万日元，养猫平均每年花费16万日元

正如皆藤先生后悔的那样，众所周知，东西并不是买完就结束了，后续还会有消费。在购物之后，还需要花费“维护费”。宠物也是如此，所需的养护费用远远高于购买金额。而且，在宠物爱好者中，也有人“饲养多种宠物”。无法承受这些成本而陷入宠物贫穷的人们，大多异口同声地表示“没想到要花这么多钱”。

顺便说一下，爱妮康损害保险[①]的“宠物年支出调查（2020）”显示，宠物年支出费用中，养狗年费用为33.8561万

① 一种财产损失保险。——译者注

日元（是上一年的 110.4%），养猫年费用为 16.4835 万日元（是上一年的 103.9%）。养狗比养猫多花费一倍以上，而且两者花费都比上一年有所增加。并且，约五成的人预计 2021 年的费用“不变”，约三成的人预计将会“增加”。

需要注意的是，宠物的平均寿命也在延长。在爱妮康股份有限公司的《爱妮康家庭动物白皮书（2019）》中，从 2008 年到 2017 年猫狗的平均寿命相关内容显示，这 10 年间狗的平均寿命增长了 0.7 岁（8.4 个月），猫的平均寿命增长了 0.5 岁（6 个月），实现跨越式增长。

所以最重要的是要清楚地认识到，能否负担得起宠物整个生命周期的养护费用，肩负起饲养的责任。

如何避免陷入宠物贫穷？

那么为了避免陷入宠物贫穷，我们应该怎么做呢？

首先，在养宠物之前，要确认家庭支出是否能承受“维护费”。这是大前提。尤其是，养狗可能要比养猫多花几百万日元。然后，了解宠物的种类和特性，了解为了它们的健康都需要哪些花费，这也很重要。

需要花费“维护费”的不只是宠物。例如，衣服（干洗费）、家电（维修费）、汽车、住宅等，方方面面都需要维护费。轻视或忽略维护费会把自己逼入困境，为了避免这种情况，我建议各位朋友，在决定购买的时候，一定要先仔细周密地调查“维护费”再做决定。

（√饲养宠物前，先确认家庭收支是否能承担养护费用。

× 因为觉得太可爱了而买，买完后悔不已。）

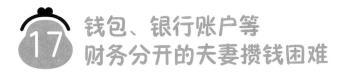

17 钱包、银行账户等财务分开的夫妻攒钱困难

新婚夫妇咨询比较多的问题是“怎样管理家庭收支才能攒下钱？”总之，夫妻的家庭收支管理，开端很重要。这是因为一旦习惯某种做法，中途改变很麻烦。

不只是新婚夫妇“没办法像预想的那样存钱”“想办法攒钱，但不知道这样行不行”，对于有这样烦恼的人来说，现在就是重新审视家庭收支管理的机会。第一步就是回顾现在的做法是否真的适合自己的家庭，这很重要。下面我将介绍双职工家庭主要的四种家庭收支管理方法的模式及其优点 / 缺点（图 2–4、图 2–5）。

模式①：建立共同账户，双方都存入一定金额充当生活费

建立夫妻共同账户，双方都存入一定金额，作为生活费。丈夫分担房租和公共费用，妻子分担餐费等，按费用项目分别承担。也有家庭会另外开一个账户进行储蓄。这种模式多见于晚婚或已经确立了自己生活方式的夫妻。

模式①：建立共同账户，双方都存入一定金额充当生活费

优点

- 夫妻双方对付出的不公平感少
- 不存入共同账户的钱可以自由使用

缺点

- 互相不了解对方的资产状况
- 也有攒不下钱的情况

模式②：夫妻中的一方负责所有的账户和家庭收支管理

优点

- 能够精细地管理家庭收支，效率高，能攒下钱
- 便于掌握家庭整体的收入和资产情况
- 交由善于进行家庭理财的一方管理

缺点

- 管理资金的一方自由度高，另一方容易产生不公平感
- 不管理的一方可能无法掌握家庭经济和资产状况

图 2-4　如何管理家庭收支容易攒钱？①

模式③：不设立共同账户，双方共享账户

优点

- 不费事
- 经常了解对方的资金用途和资产状况
- 能够经常讨论家庭收支管理相关话题

缺点

- 不适合抵触账户公开的人
- 随心所欲挥霍的人是存不住钱的

模式④：根据不同的目的，开设好多个账户

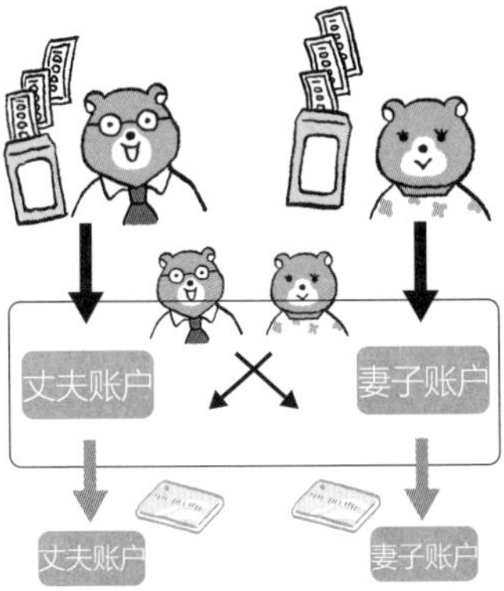

优点

- 不费事
- 可以互相掌握家庭的收支情况和资产状况
- 一定金额以内的资金可以随心所欲地使用

缺点

- 需要好好管理
- 不适合想随意支配自己收入的人

图 2-5　如何管理家庭收支容易攒钱？②

好处是夫妻各自负担一定的金额，不会产生不公平感，剩下的部分可以自己随心所欲地使用。缺点是剩余部分的用途不透明，很难了解双方的收入和家庭整体的资产状况。

在储蓄方面也是如此，由于全凭双方自觉，可能出现一方好好存钱，而另一方几乎不存钱的情况：“啊？只存了这么多吗？！”甚至，妻子在生产 / 育儿等期间没有收入或收入减半时，丈夫的负担增加，导致被迫过度节省等，很多时候会感到“生活突然变得艰难”。

模式②：夫妻中任意一方负责所有的账户和家庭收支管理

这种方法是指丈夫或者妻子一个人掌管双方的账户，管理家庭经济。不负责管理的一方，会获得一定金额的零用钱。有的家庭中妻子会收到固定金额的餐费。

双职工夫妇因为是双薪，所以很多家庭经济条件不错，但是因为有两个资金来源，家庭整体的资金流动就很不容易把握好。用这个方法，由一个人作为管理者掌管家庭支出，就很容易把控，这是重点。

优点是由于可以细致地管理收入和支出，也便于节约，可以更高效地攒钱。同时也可以掌握家庭的收入和资产状况。

夫妻两人谁管理家庭收支都可以，交给擅长管理资金的一方就行。“我不懂理财！也不擅长细致地查账！”这样的人可以放心。

缺点是管理者的自由度和权力较大，被分配零用钱和一定资金的一方会有较强的不公平感，也不了解家庭开支和资产状况。

在我的客户中，有的人在其作为家庭管理者的丈夫或妻子去世后，甚至不知道存折和印章被保管在哪里，还有的人是作为管理者的一方掏空了另一半的账户，为将来离婚做准备，把每个月的钱都全部转移到自己的账户里。

模式③：不设立共同账户，双方共享账户

和模式①不同的一点是，模式③不开设共同账户。而是由各自的账户支付房租、水电煤气取暖费、餐费等。根据收入等情况，设定目标金额，通过账户扣款等方式进行储蓄，夫妻双方都能查看对方的账户。

优点是不用特意开设共同账户再存钱，不用那么麻烦。而且，可以经常了解对方的消费方式和资产状况，也有一定的“监视”效果。最重要的是，这种方法需要夫妻双方定期进行理财和家庭收支管理等与金钱相关的讨论，对双方生活计划方面的思考和价值观进行沟通，实现相互理解，效果显著。

缺点是双方需要接受互相开放账户的详细信息。另外，虽说可以相互检查账户，但自己账户里的钱，还是自己说的算。喜欢用信用卡随意挥霍的配偶，是存不下钱的。

模式④：根据不同的目的，开设好多个账户

模式④也可以说是模式③的变形，相同点在于不设置共同账户、生活费用的出处、计算今后生活计划所需的储蓄金额。在此基础上，另行开设可自由使用的账户。没有必要把那个账户的详细情况告诉对方。

重要的是，要区分开放的账户和封闭的账户。当然，根据生活计划，向封闭的账户里转多少钱是需要夫妻双方讨论的，但是，如果能自由使用加班费和工资上涨的部分，会提高对工作的积极性。也可以设置为信用卡的还款账户。

虽说如此，账户的大部分都会被对方掌握，对于想要自由使用自己收入的人来说不适合，但是在某种程度上，这也是自己能够进行家庭收支管理的前提。

各种家庭收支管理方法的适配类型

模式①适合不打算生孩子，夫妻双方都有一定金融资产的丁克夫妻。

模式②适合在生孩子之前努力存钱的夫妇。4 种方法中，最能存钱的就是这个方法。夫妇的任意一方作为家庭收支管理者，关键是选择对家庭的支出管理高标准严要求类型的人来负责。甚至，夫妻之间买房、买车、孩子的教育等虽需要大量资

金，但只要明确储蓄的目的和金额等目标，就算收入低，也能攒下钱。尤其是，妻子在生产后，离职的可能性大的话，不要放过在生孩子之前好好攒钱的机会。人总是容易松懈对自己支出的管理，所以定期更换家庭收支管理者也是一种方法。

模式③适合因为很忙所以想尽量省工夫，双方都擅长家庭收支管理，想自己把握 / 管理的夫妇。另外，这种方法适用于不介意相互掌握对方经济状况的夫妇。

模式④适合一方面要确保家庭收支管理和将来的储蓄，另一方面也要尊重个人隐私的家庭。推荐给有这样规划的夫妇。

不管怎么说，重要的不是由谁管理，而是对于双方的收入、支出、资产状况，是否能够做到信息共享。家庭收支管理的方法没有“正确答案”。我介绍的这 4 种方法，在实际施行的过程中，根据具体情况，夫妻双方好好商量，灵活地得出“最优解”，这才是最好的。

（√使用适合自己家庭的收支管理方法，储蓄和沟通都很顺畅。
× 夫妻账户分开使用，过于尊重对方，没有攒钱的氛围。）

18 家庭账本最好不要从“1 月”或“4 月”开始记账

有人听说“不记账的家庭很难攒钱”就误以为“开始记账就能攒下钱了”。

但是如果只是记账的话，也还是不行的。因为要利用家庭账本进行家庭收支的管理才能攒下钱。

总务省的“家庭收支调查年报（2020 年）”显示，2 人以上的家庭，月平均消费支出情况，户主年龄未满 40 岁的家庭为 26.6211 万日元，40~49 岁的家庭为 31.5958 万日元，50~59 岁的家庭为 32.9937 万日元。也就是说 4 个人的家庭每月生活费需要 30万日元以上。此外，国税厅[①]的“2020年民间工资实态统计调查”显示，工资所得者的年平均工资为 433 万日元。可支配收入为年收入的七至八成，以八成计算的到手收入为 346 万日元，每月约为 29 万日元。也就是说，只是过着普通的生活，每个月的花费就和工资差不多。如果不有意识地进行家庭收支管理，就不能攒下钱。

另外，前文所提到的家庭收支调查显示，单人家庭（平

① 国税厅是日本官方收税机构和政府部门。——译者注

均年龄 58.5 岁）的消费支出，月平均为 15.506 万日元。虽然比人口多的家庭支出少，但工资上不能享受税制上的扣除（抚养扣除[①]）等优惠，将来领养老金生活的时候，因为只有一个人的养老金，所以同样需要攒钱。

因此，把家庭账本当作“家庭收支管理簿”使用，明确每月至少需要多少预算，掌握生活中最低限度的基本必要生活费。设置家庭账本，最重要的是要好好利用它，将它作为家庭收支中超负荷 / 浪费的“可视化”工具。

因此，如果设置家庭账本后，只是单纯地记账，而不作为反省的材料充分利用的话，那就没有意义。所以要定期查看账本，以确认有没有浪费。

另外，表 2–2 列出了不同人生阶段的家庭收支平衡的标准。各位朋友不妨试着确认自己的家庭收支中是否存在超负荷或者浪费的情况。

觉得记账很麻烦或者无法长期坚持的人，可以用银行的存折来代替记账，也可以把收据收集起来放在一起，月末统计一下。也有人用电脑的表格软件制作自己的原创账本。请试着想想自己最容易做，也最能坚持的方法。

最近流行的“记账软件”也很方便。用智能手机的相机功能

① 抚养扣除是日本的一种税收扣除制度，纳税义务人如果有抚养亲族，并符合一定的要求，有资格享有所得税上的扣除。——译者注

表 2-2　家庭收支平衡的标准（各项支出的占比）

单位：%

类别	独居或单身	和父母同住或单身	夫妻两人和上小学以下的孩子	夫妻两人和上初中高中的孩子	夫妻两人
餐费	18	15	14	15	15
居住费	28	—	25	25	25
水电煤气取暖费	6	—	6	6	5
通信费	6	5	5	6	6
零用钱	—	—	8	8	10
教育费	—	—	10	12	—
兴趣 / 娱乐费	4	5	2	2	3
服装费	3	4	3	3	3
交际费用	5	5	2	2	3
日用杂货	3	2	2	2	2
其他	6	5	3	3	3
给父母的钱	—	20	—	—	—
保险费	4	4	8	8	5
储蓄	17	35	12	8	20
支出合计	100	100	100	100	100

拍摄收据，记账软件就能迅速读取日期、商品名称、金额、店名等信息。只要把收据拍下来就可以了，真的很省事。银行、证券、信用卡等都可以关联，不仅可以管理家庭收支，还可以管理资产。

另外我认为开始记账的时机最好不要拘泥于年初或年度的开始。尤其1月和4月的临时支出也很多，是很忙碌的时期。面对堆积如山的收据和全是赤字的家庭经济状况，好不容易鼓起的干劲也减退了。

管理每月的余额，检查家庭收支的健康度

即便如此，还是会有人不擅长记账也不想记账吧。

用记账来管理家庭收支的最终目的是攒钱。因此，说得极端一点，对比当年1月1日和12月31日的主要账户的余额，储蓄余额的增加值只要达到目标金额就足够了。也不用记账，一年确认一次就可以。

那么没攒下钱或者想要更简便细致地管理，不妨试试以月为单位设定存折的目标余额?

例如，工资30万日元，包含日常费用等在内的生活费为20万日元。把每月用于储蓄的5万日元，先转到别的储蓄账户，控制花费，在月末或者下次发工资之前，余额保持在5万日元，如果还有剩余，就存入储蓄账户。

每月提前储蓄，设定余额的目标金额，不仅便于攒钱，

还能培养在预算内负担家庭开支的习惯，检验家庭开支的健康程度。

✦ 把奖金当作“不存在的东西”，彻底执行按月管理

再者，公司职员会有奖金 / 奖赏，但不一定每年都会有。如果奖金的金额比预想的少，或者被削减了的话，会对用奖金来支付房贷、填补每个月的赤字、固定资产税和汽车税等的人产生极大的困扰。

不要通过预估不确定的收入来制订计划，请忽视奖金，养成以月为单位进行家庭收支管理的习惯，以防没有奖金时措手不及，减少奖金带来的影响。

顺便一提，我的记账习惯始于 18 岁上大学、开始一个人生活后。从那之后 30 多年来一直坚持。

当我翻开以前的账本，就能清晰地回想起当时的想法和那时发生的事情，账本不仅是管理家庭支出的工具，更是像日记一样的存在。

（√将账本作为家庭收支管理的工具，充分利用。
× 光记账，不翻看回顾。）

19 现金派比无现金派更难攒钱

随着信用卡和借记卡、电子货币等新型结算功能的普及，现在没有现金也可以享受各种购物和服务。

尤其是电子货币，只要轻轻一扫手机就能完成结算，不需要取出钱包，方便又简单。

经济产业省①发布的报告显示，2019年日本无现金结算比例为26.8%，在新冠疫情影响下，无现金结算这种不见面/非接触的结算方式给人一种高速发展的印象，普及率应该会进一步提高。

无现金结算不需要随身携带巨额现金，而且不用像在拥挤的收银台前数零钱那样麻烦。另外，与现金不同的是，这种结算方式还可以积累积分。最近，可以用积分投资的“积分活动”②也大受欢迎。

---

① 经济产业省隶属日本中央省厅，负责提高社会经济活力，使对外经济关系顺利发展，确保经济与产业得到发展，使矿物资源及能源的供应稳定而且保持效率。——译者注

② 积分活动，就是灵活运用积累的积分。除了利用在购物网站和商店购买商品时积累的积分外，还可利用信用卡和电子货币积累的积分。累积的积分可以兑换特定物品或其他积分，也可以用来支付。——译者注

但是，人们如果习惯了无现金化，就不能实际地感受到在使用钱，会不知不觉中多花钱。若使用很多卡，用很多种方式结算，管理起来也很麻烦。卡被盗的后果比现金被盗更严重，风险更大。

因此，不少人因为担心会过度使用，而忽视积分等好处，坚持只使用现金。

实际上，无现金派更能很好地攒钱

“无现金派”比“现金派”更容易乱花钱吗？

大型信用卡公司日本信用卡株式会社（JCB）以全国20岁到69岁的男性和女性为对象进行的“非现金和借记卡使用意向相关实态调查（2019）”显示，无现金派的平均年储蓄增加额为83.2万日元，是现金派34.2万日元的2.4倍（图2–6）。

从男性和女性的方面来看，增长最多的是男性无现金派，达102.4万日元；最少的是女性现金派，达23.3万日元。

另外，平均年储蓄目标额方面，无现金派为325.4万日元，现金派为178.3万日元，无现金派的储蓄目标额是现金派的1.8倍，这一点令人惊讶。如果无现金派对优惠信息更敏感，对金钱的管理更认真的话，今后无现金派和现金派的储蓄差距可能会越来越大。

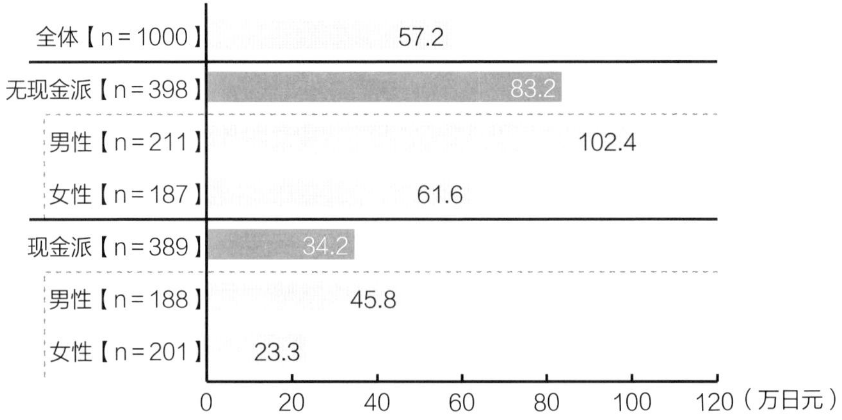

图 2-6　2019 年储蓄额平均增长量

资料来源：日本信用卡株式会社《非现金和借记卡使用意向相关实态调查（2019）》。

✦ 防止“过度使用”的 2 个方法

但是，无现金支付的难点在于使用信用卡、二维码等多种结算方式，管理容易变得烦琐复杂。实际上使用的时间和出账的时间不同，很难感受到在花钱。

为了增加消费的实感，我们可以在使用无现金支付后，将相应数额的现金分开放入另一个袋子里。

总之，无论使用哪种无现金支付方式，入账日都是“使用的日期”，可以使用的现金随之减少。这虽然是一种模拟的方法，但是可以通过无现金支付获得积分，十分简便。另外，亲眼看着钱在减少，也会提高自身的节约意识吧。

如果你觉得从账户中提取现金太麻烦，可以不用“后支付”，而是选择借记卡等“即时结算”的无现金支付方式，这也是一种方法。

总之，简单地认为“无现金支付会导致消费过度”，不去考虑积分等好处，坚持只用现金的做法会适得其反。如果担心会产生浪费的话，我建议朋友们可以在便利店等小额消费时使用现金，在购买大额商品和网上购物时使用信用卡，这样“区别使用”，减少结算方式的种类，睿智地选取合适的结算方式。

（√关注积分和便利性等优点，睿智地选取合适的结算方式。
× 认为“电子货币和银行卡会导致过度浪费”，固执地坚持只用现金。）

第3章

停止存钱就能攒下钱

——金钱增值篇

为什么你攒不下钱?

投资不一定会赚钱。但是，不投资的人，一定会错过赚钱的机会。

20 "收入低所以攒不下钱"是误解

很多人会觉得攒不下钱是因为"收入低"吧。

日本金融广报中央委员会[①]发布的调查报告显示，2020年无金融资产的家庭中，2人以上的家庭约占16%，单人家庭攀升至约36%。

不过，这里的"无金融资产"的家庭是指"持有存款，但不考虑'理财'的家庭"和"完全没有存款的家庭"的总合，不包括为日常的存取款、扣款的预留部分。但是，连普通存款都没有，完全没有金融资产的家庭中，2人以上家庭约占1.5%，单人家庭约占5%，确实有相当一部分人是零储蓄的。

需要注意的是，即使年龄和年收入高，也有一定数量的所谓的无金融资产家庭。例如，在2人以上的家庭中，即使40岁以上也有13%以上的家庭没有金融资产，即使年收入在1000万日元以上，也有4%~5%的家庭没有金融资产（表3-1）。

① 金融宣传中央委员会是日本的组织或团体。存在目的是以中立、公正的立场进行与日本国民生活密切相关的金融宣传活动。——译者注

表 3-1　家庭金融产品持有情况

无金融资产家庭的存款账户或证券公司等账户的有无［问题 1（a）］及现在的存款余额［问题 2（a）］

家庭情况		总数	是否持有金融资产*		总数（未持有金融资产的家庭）	是否有账户		
			有（%）	无（%）		持有账户，且有余额（%）	持有账户，但无余额或没有账户（%）	未回答
户主的年龄	20~29 岁	25	84.0	16.0	4	100.0	0.0	0.0
	30~39 岁	231	91.8	8.2	19	68.4	31.6	0.0
	40~49 岁	335	86.5	13.5	48	62.5	27.1	10.4
	50~59 岁	435	86.7	13.3	58	63.8	32.7	3.5
	60~69 岁	398	81.7	18.3	73	86.3	8.2	5.5
	70 岁以上	462	81.4	18.6	86	87.2	8.1	4.7
年收入	无收入	21	61.9	38.1	8	12.5	75.5	12.0
	不足 300 万日元	349	69.5	30.5	106	80.2	16.0	3.8
	300 万~500 万日元	658	82.1	17.9	118	78.8	15.2	6.0
	500 万~750 万日元	545	91.2	8.8	48	83.3	8.3	8.4
	750 万~1000 万日元	179	95.0	5.0	9	77.8	22.2	0.0
	1000 万~1200 万日元	100	96.0	4.0	4	75.0	25.0	0.0
	1200 万日元以上	92	94.5	5.5	5	20.0	80.0	0.0
	未回答	108	70.4	29.6	32	46.9	18.7	34.4

资料来源：关于家庭金融行为的舆论调查之“2 人以上家庭调查”（2020 年）。

注：问题 1（b）在“现在持有的金融商品”中，选择“没有任何一种金融商品”的家庭和只选择“储蓄”的家庭，问题 2（a）在“现在的存款余额”中（存款的合计余额）的“家庭使用或为将来准备”回答为零和未回答的家庭分别都算作为“无金融资产的家庭”（未持有金融资产的家庭）。

也就是说，由此可以看出，现实情况是“收入再多，不会攒钱的家庭也攒不下钱，收入再少，会攒钱的家庭照样能攒钱”。

✦ 不是“收入”，而是“意识的高度”

我作为理财规划师，长年接触各种家庭经济情况，深刻地体会到，能攒钱的人和不能攒钱的人之间最大的不同，并不是“收入”的高低，而是“理财意识的强弱”。

原本就能好好攒钱的人，会有明确的攒钱目的——“为什么要攒钱”。例如，“为了去国外留学，2 年攒了 100 万日元”，或者“为了付买房的首付，5 年攒了 800 万日元”等，会攒钱的人有这样清晰的目标。

而且，高收入家庭的支出也相对较多。抱有“我们夫妻收入很高，花这点儿钱没什么的”等态度，出于向家人、朋友、周围人炫耀的骄傲和虚荣，不知不觉就过着与自己身价不符的生活。

而且，有人因为收入高还会有这样的想法：“想存多少就存多少，不用特意存钱，需要钱的时候借点儿就行了，还款利息低，自己也有信用额度和还款能力，肯定能够借到钱。”

而低收入家庭，正是因为收入低，才更清楚必须要有存钱的意识。有了目标，就会控制在外吃饭的次数，自己制作便当来省钱，也不排斥记账。在适合自己的理财方法和攒钱方法上下功夫，对金钱持积极态度的人很多。

只是盲目地想“必须存钱”是存不了钱的。如果想存钱，就必须明确目的和目标，有意识地进行家庭理财，这一点在第2章第18节中已经阐述过了。

人在二三十岁的时候，恐怕感觉不到金钱对“能攒钱的人”和“不能攒钱的人”的不同。但是到了四五十岁的时候，这种差距就会慢慢变得明显起来，变成“咦？年收入明明差不多啊，但他家却好像比我们家更富有……”

然后等到60多岁迎来退休的时候，这种差距就会明显地显现出来。这就像运用复利的差距会随着时间的推移而逐渐拉大一样。

到了60岁以后，再想挽回已经拉大的资产差距是非常困难的。为了避免这种情况，从意识到的那一天开始，就应该采取行动。

（√“每天的小用心会产生巨大差距”。在生活中，增强理财意识。

×“反正收入这么低，也攒不下钱……”，放弃理财。）

21 过度集中于储蓄，会有意外的损失

实际上，改善家庭经济状况的方法超级简单。就这三个方法：①增加收入；②减少支出；③理财。

这其中，方法①和②是无论哪种家庭都“应该”做的事情。在上班族收入停滞不前的今天，在探讨副业、跳槽、职业晋升等增加收入的方法的同时，在收入范围内管理支出，是每个人都必须面对的事情。

此外，方法③就是投资，也就是让钱来为你工作。

但是，作为理财规划师，对于“是否应该投资？”这个问题，我会回答“如果不想投资的话，就不必勉强去投资”。

在我个人看来，我并不认为投资是改善家庭经济状况的“救世主”。和节俭不同，投资并不一定会有成果，如果要投资就要把握当今时代所处的社会环境和经济状况、持有的金融产品、掌握投资的基本知识、把控自己的投资目的和风险，这些都是进行投资的前提。不会投资、不想投资的人，没必要强迫自己投资。

盲目地开始投资只会导致失败（虽然有新手的好运气，但谁都无法预测未来世界经济的前景，知识储备不充分的新手不可能一直幸运下去），那样的话，结果就会变成“还不如踏

踏实实地存钱呢”。而且，根据每个人的情况（例如，“没有3~6个月的生活费及‘以防万一的钱’”“已经确定了手头资金在1~2年内的用途”等）具体判断，有些人就不应该冒险投资。

但是，如果选择集中储蓄而不进行任何投资的话，就应事先接受“不投资的缺点”。

✦ 不投资的人应该知道的“三种损失”

不投资的缺点，也就是说，过度集中储蓄会产生的三种损失如下。

第一种损失当然是存款无法获得巨大的收益。收益分为“资本收益”（涨价收益）和“收入收益”（利息/分红）2种，储蓄的收益来源只有后者。众所周知，现在大型银行的活期存款利率只有0.001%。假设在网上银行定期存款的利率为0.1%，每月存10000日元，存款期限为20年，累计本息和为2424059日元，其中利息仅为24000日元。

但是，若同等条件下，假设预期收益率（年利率）为1%，累计本息和为2655612日元，而利息为256000日元，可获得的收益是之前的10倍以上（图3-1）。如果增加储蓄金额，延长储蓄时间，提高利率的话，收益就会进一步增加。

此时不能忽略的一点是，原则上金融产品的收益是要纳税的。税率是一致的，是所得税 15%+ 地方税 5%。再加上自 2013 年起征收的复兴特别所得税 0.315%，合计扣除 20.315%。

不过，积蓄式小额投资免税制度[①]和个人型定额供款养老金计划[②]在一定条件下可以免税。也就是说 20% 以上的收益部分，国家保证可以归个人所有。各位朋友应该知道这个好处是多么大。

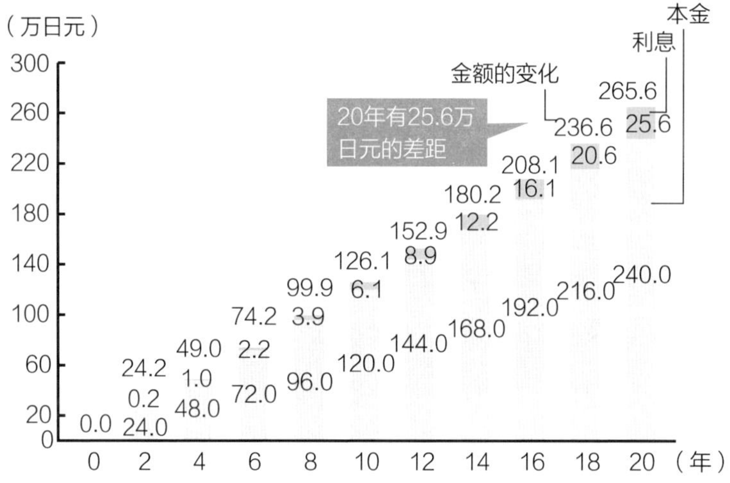

图 3-1　每年 1 万日元按照年利率 1% 计算 20 年的理财收益

资料来源：日本金融厅“理财模型”。通过 http://www.fsa.go.jp/policy/nisa2/moneyplan_sim/index.html 推算。

---

① 积蓄式小额投资免税制度适用于购买限定的投资信托产品。每年上限 40 万日元，投资收益免税期限最长 20 年。——译者注

② 个人型定额供款养老金计划是以储备养老金为目的，自负盈亏的定投基金计划。——译者注

不投资的第二种损失是“通货膨胀的风险”，会导致货币的价值改变。

对比 1970 年 1 月到 2020 年 5 月的消费者物价指数（CPI）发现，物价上涨了 3.32 倍。近年来虽然持续有通货紧缩的趋势，但由于原油价格上涨，导致运输成本增加，食品和日用杂货等物品的价格也逐渐上涨。如果今后出现通货膨胀，即使是本金不变的储蓄，实际上的货币价值也在降低，就相当于损失了钱。

“机会损失”是必然的

第三种损失是失去了可以获得收益的机会。

就前两种损失来说，并不能断言“只进行储蓄就一定会有损失”。但是，在自己将选择范围缩小这一点上，“机会损失”是确定无疑的。

也可以这么说，这并不是指实际投资产生的损失，而是因为没有做出最好的决策，而错过了获得更多利益的机会，由此造成的损失。

向高龄就业者提供支援的我的明星 60 株式会社[①]，以全

① 我的明星 60 株式会社是一家为老年人提供职业介绍、就业帮助的公司。——译者注

国 500 名退休后采用再雇用制度工作的 60~65 岁的男性为对象进行了问卷调查（2020 年 1 月），结果显示，针对“如果退休前做这件事就好了”这个问题，回答最多的是“理财”（38.4%）。另外，在该公司上次进行的调查中，约高达 40% 的人回答说，由于再雇用制度，工资降低到了退休前工作时的一半以下。被再雇用后的收入大幅降低导致对金钱的不安感增强，也许很多人会后悔退休前没有好好理财（图 3–2）。

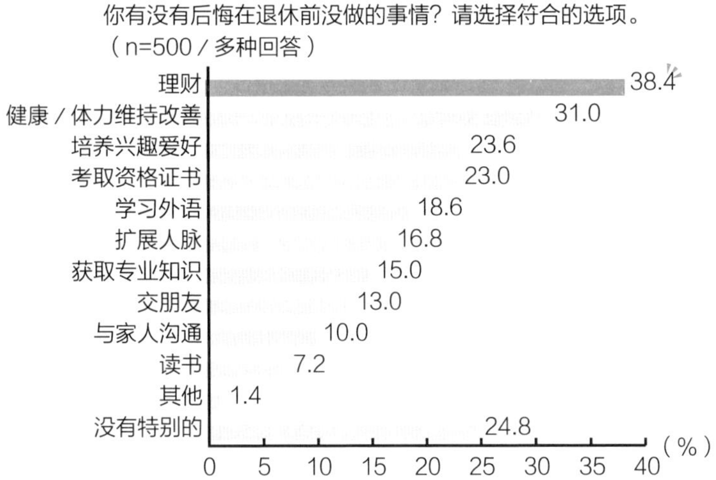

图 3–2　后悔退休前没有做的事情

资料来源：我的明星 60 株式会社《再雇用制度下工作的公司职员的意愿调查》。

这里再次强调，并非一定要投资。是否进行投资、选择哪种投资都取决于你自己的判断。

但是，对于现在50多岁的我来说，因为跳槽、结婚、生孩子、育儿、移居、生病、照顾父母等各种各样的生活杂事而导致收入减少，有好多次都是投资的收益帮助了我。

而且，在百岁人生时代[①]的今天，如何在延长健康寿命的同时延长资产寿命也是重要的课题。基于这一点，尤其是对于时间充裕的年青一代，我会以"不投资也可以"，但如果可能的话"还是进行投资更好"的立场给出建议。

（√了解投资的风险和不投资的风险，选择适合的道路。

× 认为"投资太可怕"而封闭内心，只专注于储蓄。）

① "百岁人生时代"是指人的寿命普遍增加的长寿时代。——译者注

22 苦恼于如何开始投资的人，首先应做的事情

当前被称为空前的投资热潮。但是，出乎意料的是有很多年轻人不敢迈出投资的第一步。

现在我在东京都内的一所大学担任理财规划理论课程的外聘讲师。也会开设一些投资相关的课程，我很惊讶地发现，大学生对于投资的印象是“投资失败很可怕”“印象中有很多诈骗”“像赌博一样”等，都是非常消极的印象。

我想其中原因主要有两个。第一个原因是大学生缺乏正确的投资知识和理解。与此相关的内容，为什么需要投资、投资什么、如何投资等持续性的投资教育必不可少。实际上，投资相关课程的课后调查问卷也显示，开设课程以后有高达八成以上的人对投资的印象有所改观，学生们也表示“我开始有自信，感觉自己也能投资了呢”“我以前觉得投资需要很多钱，现在知道了即使用少量的钱也可以开始投资”“我之前对投资没有兴趣，但是现在想要试着投资”等，对投资的积极评论开始集中增多。

第二个原因是缺乏成功的投资经验。当然因为教学对象是大学生，所以基本上都是没有投资经验的人。他们周围的大

人是否有成功的投资经验对他们有很大影响。

其中，也有已经体验过投资的学生，也有人“曾因虚拟货币遭受巨大损失”“投资外汇失败”等，看到周围人投资失败的例子，不少学生感到“投资很可怕”“不至于变成那样吧”。

这可能与父母那一代人中，有投资经验的人很少有关。现在大学生的父母那一代人，几乎都和我一样，是 50 多岁的人。根据日本银行各种类存款的挂牌显示利率的平均年利率等数据显示，在我刚步入社会的 1990 年 9 月，2 年定期存款利率为 6.33%，3 个月定期存款利率为 4.08%。

那时不用特意冒着风险投资，也可以通过保障本金的定期存款和储蓄性保险获得比现在更高的回报。而且，在父母那一代人中果敢地挑战投资的人，应该也有因为泡沫经济崩溃和雷曼事件[①]等投资失败，表示“再也不敢碰投资了”“投资很可怕”。如果父母那一代人没有投资经验或没有成功的经验，那么在他们的影响下长大的孩子们，对投资持消极态度也是理所当然的。

但是，即使国家没有倡导，投资作为今后人们自力更生的一种手段，其重要性也会被提高。我希望年青一代积累成功的投资经验，哪怕是很微小的经验，也可以将其传承给下一代。

---

① 2008 年，美国第四大投资银行雷曼兄弟公司由于投资失利，在谈判收购失败后宣布申请破产保护，引发了全球金融海啸。——译者注

✦ 与其烦恼，不如什么都不要想，从小额资金开始定投

如果只是因为“可能会亏损”而烦恼的话，可以先从小额资金开始尝试定投。当然，正如前文所述，应该事先掌握投资所需的知识，但有时也会“熟能生巧”。为此，可以通过从小额资金开始定投来降低风险。

最近利用手机和信用卡结算获得的积分进行“积分投资”很流行，这种投资的本钱为零。积分投资分为不同的两大类。一种是1积分=1日元，先将积分兑换成现金，然后用现金投资股票、信托产品、交易型开放式指数基金（ETF）等的“积分投资型”，另一种是不将积分兑换成现金，而是委托经营公司操作的“积分运用型”。这两类投资的不同点在于是否要开设证券账户、手续费、可投资产品等方面。

另外，如果利用“机器人顾问”，就不用为选择产品而烦恼了。“机器人顾问”可以为用户提供构建投资组合的建议和基于算法的运用管理（商品的收购/买卖）等服务。即使需要手续费等费用，但如果长期持有的话，所获取的收益很可能超过这个费用。

想要自己选择产品的人，可以利用网络搜寻信息，网站可以根据年龄和生活计划给出选择产品的建议，还可以根据目标金额的收益率进行投资组合，提供具体的信托投资产品等。

只要搜索，就会发现很多东西。

而且，重要的是，一旦开始定投，就要坚持下去。因此，重要的是选择即使稍微贬值也能“长期持有”的产品。这样一来，自然就能做到“不烦恼”“放任不管”的投资了。

到头来，最大的浪费就是在投资的入口犹豫不决地烦恼。希望大家能早点意识到正在错失的有限的时间和机会。

（√从很早开始就用少量资金进行定投，顺其自然。

× 在投资的入口过度烦恼，迟迟不敢迈出第一步。）

23 总是拘泥于个税起征点的人是要吃亏的

打零工的妻子最关心的是“103万日元壁垒”问题。这是因为如果妻子的年收入超过103万日元，妻子自身就需要缴纳所得税。而且丈夫年收入的所得税扣除，也会从享受配偶扣除政策[①]转变为享受配偶特别扣除政策[②]，在妻子打零工收入未超过141万日元之前会阶段性地减少，并且不再享有配偶津贴等优惠，所以说反而有损失。

但是，从2018年（住民税[③]是2019年后实施的）开始，日本政府对配偶扣除政策/配偶特别扣除政策进行了修改，扣除标准为38万日元，配偶年收入上限从103万日元提高到150万日元，新出现了“150万日元的壁垒”。不过，即使超

① 配偶扣除政策是纳税人配偶的年收入在一定金额以下时，纳税人可以享受相应的所得税扣除。——译者注

② 配偶特别扣除政策是指由于配偶的收入不适用配偶扣除且在一定金额以下，根据配偶所得，纳税人可以享受一定金额的所得税扣除。——译者注

③ 地方税的一种，指的是都道府县民税和市町村民税的总称。——译者注

过 150 万日元，当妻子打零工收入在 201 万日元以下时，也可以阶段性地享受配偶特别扣除政策，所以到手的金额不会像以前一样一下子减少。

实际上，在商讨修改这一政策的过程中，也曾讨论过废除配偶特别扣除政策。因为这些“优惠政策”阻碍了妻子的就业意愿，如果没有这个优惠政策，肯定会有更多努力工作的妻子。

可结果还是维持现行制度。作为所得税扣除对象的妻子，年收入上限被提高了，却也只是稍微提高了一点，增加了新的壁垒而已。从国家的角度来看，国家希望“即使不是职业女性，也能有更多打零工的妻子能获得 150 万 ~170 万日元的工资”。但是国家还添加了新要求，即需要根据纳税者本人即丈夫的年收入来确认是否适用减免政策，机制很复杂……制度修改后，如果丈夫的年收入超过 1120 万日元，就会阶段性地减少配偶扣除 / 配偶特别扣除的金额，如果超过 1220 万日元，不仅不能享受配偶特别扣除政策，就连之前的配偶扣除政策也不能享有了。

✦ 比起税金，公司津贴的影响更大

比税金影响更大的是配偶津贴。人事院①的“2020 年各职业民间工资实态调查”显示，实施家庭补贴制度的企业中，

---

① 是日本的中央人事行政机关。——编者注

以配偶为补贴对象的占79.1%，半数左右的企业将补贴对象的条件设定为年收入103万日元以下。另外，根据厚生劳动省[①]“2020年就业劳动条件综合调查”显示，家庭补贴等支付金额为平均17600日元。从企业规模来看，1000人以上的企业的家庭补贴支付金额为22200日元，而100~299人的企业为15300日元，企业越大金额就越大。

明确地说，税金只针对超过壁垒的部分征收，所以负担并不会增加到大家所担心的程度。如果年收入为103万日元左右，即使收入增加1万日元，需要缴纳的税费也只有500日元，微不足道。比这个影响更大的是公司的津贴，也有不少人“在领取津贴的期间，不去工作。”

此外，在壁垒问题上，需要注意的不是税金而是社会保险金。也就是说，不需要丈夫的金钱供给，也需要缴纳社会保险费，即“103万日元的壁垒”。

这里也进行了修改，自2016年10月起，社会保险的适用范围扩大。满足一定条件的以打零工等年收入106万日元以上的人，必须负担厚生养老保险费和健康保险费（40岁以上还需要缴纳护理保险费）。新的“106万日元的壁垒”诞生了。

顺便一提，如果妻子（39岁以下）打零工的收入为130万日元，社会保险费为每月约15500日元。每年约186000日

① 是日本负责医疗卫生和社会保障的主要部门。——译者注

元。说得极端一点，收入 129 万日元的话，没交社会保险的人拿到手的钱反而更多，就会发生逆转现象（图 3-3）。

将这些归纳整理，实际上一共有 6 个壁垒。你可能会听到这样哀怨的声音“有这么多壁垒，到底赚多少钱才比较合算？”纳税额还根据丈夫的年收入以及有无配偶者津贴而变化，但作为标准，如果 1 日元的税也不想缴纳的话，那么收入需要在 100 万日元以下（根据自治体不同，也有需要缴税的情况）。相比税金，社会保险费造成的负担更大，所以加入社会保险的年收入底线为 130 万日元，育儿和护理等工作很困难，如果想尽可能地不减少到手收入的话，就把年收入控制在 129 万日元以下，在丈夫供给的范围内。在这个限度以上，年收入为 140 万 ~150 万日元，会继续逆转。再者，如果年收入超过了 150 万日元，就无法享受配偶扣除政策，增加丈夫的税金，但也没必要过度在意这些。如果要负担社会保险费的话，年收入大约在 155 万日元就能达到恢复的分水岭，以此为目标比较好。

比起眼前的小损失，更要考虑将来的大利益

关于盈亏平衡点，我知道大家都很在意，但是从我们理财规划师的角度来看，大多数理财规划师都会表示“如果是可以工作的环境，就不要在意社会保险费的负担和扣除，还是好好工作比较好”，我也深表赞同。

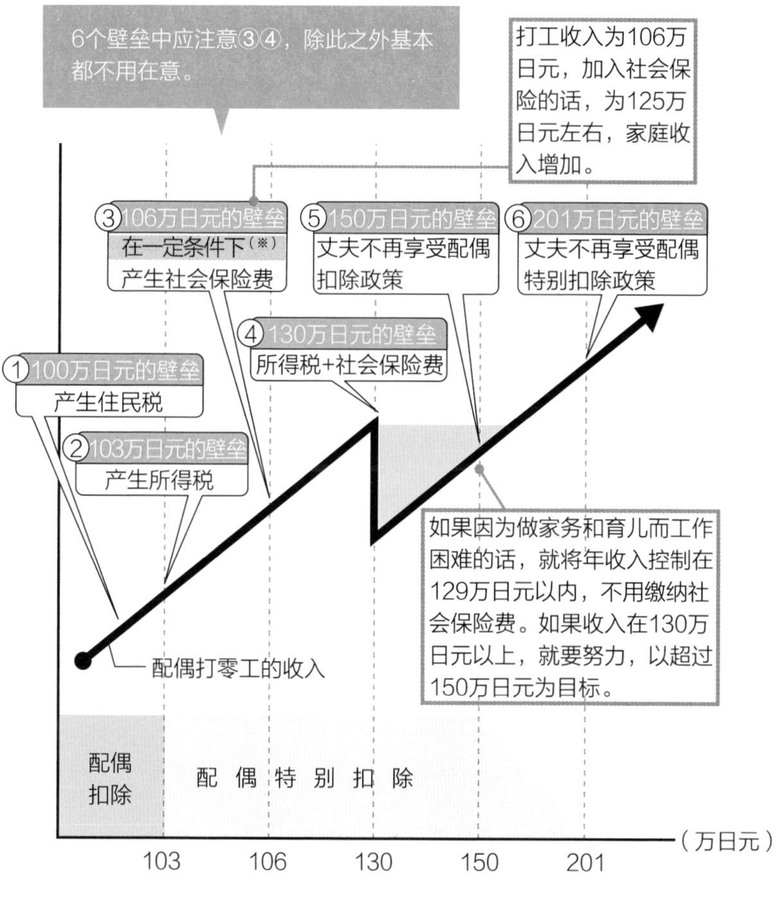

※ 对于短时间劳动者的厚生养老保险等使用条件：（1）每周规定的劳动时间在 20 小时以上。（2）参加保险的时间预计在 1 年以上（2022 年 10 月以后，修改为 2 个月）。（3）每月的薪水在 8.8 万日元以上。（4）不是学生。（5）所在企业的被保险者人数保持在 501 人以上（在 2022 年 10 月以后修改为 100 人，预计在 2024 年 10 月以后修改为 50 人）。

图 3-3　家庭收入的到手金额与妻子打零工的年收入的关系

原因有几个：①能够增加收入和储蓄金额；②可以在享受公共养老金和个人型定额供款养老金计划的税收优惠的同时，增加“个人养老金”；③丈夫年收入高，可以将范围外的医疗费纳入高额疗养费；④在生病或受伤休养时，可以获得伤病津贴；⑤打工的企业有组合健康保险，如果有附加补助，就能享受丰厚的保障；⑥失业时可以享有失业保险；等等。

对于年轻一代来说，这些优势大多数现在看来还为时尚早。以现在的年数为单位的观点来看，负担税金和社会保险费的人可能会觉得吃亏。

但是，我生病时，深切体会到个体户的社会保险薄弱带来的困难。加入社会保险的好处比很多人想象的要大。另外，60 岁以后，开始领养老金生活，家庭收入会急剧减少。如果丈夫先去世，家庭收入就会更少。如果那时妻子有“自己名义”下的储蓄和养老金的话，心里会比较踏实。比起眼前的小损失，请试着考虑一下将来的大利益。从长远来看，我认为那种想着“× × 万日元的壁垒”而有意识地限制工作方式的行为，实际上会导致更大的损失。各位朋友觉得呢?

（√不管纳税扣除政策和社会保险费用，尽可能地长时间工作。

× 过于在意“× × 万日元的壁垒”，努力不超过壁垒。）

24 纠结于养老资金的数字毫无意义

不久之前，“2000万日元养老资金”连日见诸各大媒体。这件事的开端是2019年6月金融厅审议会市场工作小组的报告书“老龄化社会的资产形成/管理”中提到，在退休后的30年里，需要花费2000万日元的存款。但是，报告书想要传达的是，在老年生活中，除了公共养老金，必须填补的缺口还有多少，需要根据每个人的收入和支出状况、生活方式等来考虑。并且，面对百岁人生时代，为了弥补这个缺口，作为自食其力的方法，需要认识到自己有计划地形成/管理资产的重要性。

但是，说到底2000万日元只是列举的一个平均缺口金额，没有必要放大宣传，到退休的时候，如果账户里没有2000万日元的话，就会陷入危机状况、只能接受生活保障[①]了吗？感觉很多报道都在煽动人们对未来的焦虑情绪。

原本，这2000万日元的说法来源于2017年度总务省“家

① 生活保障是国家和自治体为了保障日本国民“健康、最低限度的文化生活”而实施的公共扶助制度。——译者注

庭经济调查”中高龄夫妇无业家庭（丈夫 65 岁以上，妻子 60 岁以上）的家庭收支。报告书上使用这个数据得出“平均月缺口约为 5 万日元，那么 20~30 年缺口金额的总额，简单计算得出 1300 万 ~2000 万日元”（表 3-2）。

我们理财规划师也会经常使用家庭经济调查的数据，这个估算并没有什么特别之处。也可以用退休金弥补缺口，这只是一种估算。用同样的方法计算，2018 年的缺口金额约为 1150 万日元，2019 年约为 1170 万日元，金钱大幅减少。而且，到 2020 年，受新冠疫情影响限制外出，教育娱乐费和交际费用也减少了。赤字竟然缩小到约 55 万日元。总而言之，通过平均金额来估算标准固然重要，但过于拘泥于数字是没有意义的。

那么养老资金到底需要多少呢？要点在于，如报告书所提到的那样“日常生活费使用养老金就够了，但用于兴趣和娱乐的金额不足”。

生命保险文化中心的“生活保障相关调查（2019）”显示，夫妻 2 人在度过晚年生活上认为必要费用“最低日常生活费”为平均每月 22.1 万日元，而“宽裕的养老生活费”为平均每月 36.1 万日元。为了宽裕的生活另外需花费 14 万日元，占比最高的是“旅行和休闲”（60.7%），其他按占比顺序分别为“兴趣和教育”（51.1%）、“充实日常生活”（49.6%）、“亲属来往”（48.8%）。

表 3-2　2000 万日元养老资金的问题

55 万日元养老资金的问题？

65 岁以上夫妇 2 人的无业家庭
（高龄夫妇无业家庭）的家庭收支

年份	实际收入（万日元 / 月）	实际支出（万日元 / 月）	缺口金额（万日元 / 月）	30 年的缺口总金额（万日元）
2020	25.7763	25.9304	0.1541	55.4760
2019	23.7659	27.0929	3.3270	1197.7200
2018	23.2834	26.4707	3.1873	1147.4280
2017	20.9198	26.3717	5.4519	1962.6840
2016	21.2835	26.7546	5.4711	1969.5960
2015	21.3379	27.5705	6.2326	2243.7360
2014	20.7347	26.8907	6.1560	2216.1600
2013	21.4863	27.2455	5.7592	2073.3120

资料来源：总务省《家庭经济调查》。

✦ 虽然有应对缺口金额的方法，但实践起来会有痛苦

这些缺口金额的应对方法可概括为 3 种：①尽可能长期稳定地工作；②灵活调整支出；③有效利用住宅不动产等持有资产。

当然，前面的报告书中也提到了这些方法。但是，让我很吃惊的是，接受电视采访的人对于这些方法的评论过于带有批判性。

例如，对方法①的评论为："难道还要让工作多年的老年人继续工作吗?！""生病了即使想工作也做不了啊"；对方法②的评论为："通过移居外地来降低生活成本，这是要让他们离开住惯了的地方吗?！"；对方法③的评论为："老房子什么的都是'负'动产了吧，就算是免费也卖不掉了。"

虽然这些说法都有道理，但大多数人应该都明白，必须自己想办法解决问题。可是，虽然明白了，但心里却抵触。原以为国家会保护自己，但如果国家明确提出"自己努力"和"自己负责"的话，这就是国家事先表示拒绝意思吧。

不管怎样，重要的不是"存 2000 万日元"，而是要"抛弃固有观念"，抛弃过了 60 岁就要悠然自得地享受养老金生活这种想法。回顾每个人的收支状况和生活状况，掌握灵活应对环境变化的技能。

（√尽可能地长期工作，灵活地考虑支出等。

× 过于拘泥于“晚年生活需要 2000 万日元”，急于购买可疑的金融产品。）

25 计算养老金"盈亏平衡年龄"无用的理由

我偶尔会被问到:"我们真的能拿到公共养老金吗?"

在年青一代中,也有人会以无法领取养老金为话题来推进谈话,认为"反正我们也拿不到养老金"。"不能领取"的意思因人而异,但领取金额不会为零。不过,开始领取的时间有可能推迟到 65 岁,领取的金额也有可能比现在领养老金的一代人领取的少。

在这里经常被提及的是"缴纳养老保险费是否划算""领取多少才能回本"等讨论和估算。在网络报道和杂志上也经常看到这类话题。

日本导入了全民养老金制度,所有国民都必须强制参加养老金。因此,"缴纳养老保险费是否划算"这是一个很愚蠢的问题,原则上来讲,20 岁到 60 岁的日本国民都需要缴纳养老保险费。

缴纳一年的养老保险,将来的养老金会增加多少?

关于领取多少养老金才会回本的问题,试着通过"如果不缴纳养老金会损失多少”来思考一下吧。

首先是无论什么职业、任何人都可以领取的“老龄基础养老金”，这种养老金的金额是一定的，2022年度满额为77.78万日元。这是在20岁到60岁这40年间参加养老保险的人能够领取的金额，如果有1年没有缴纳费用，领取金额就会减少约1.95万日元。

其次是“老龄厚生养老金”，公司职员等人只要补缴就能领取，根据收入多少，可以增加养老金金额，20岁以上不满60岁的公司职员如果1年不工作（不缴纳养老保险费用），大约会减少的养老金金额，可通过“年收入×0.55%”来计算（2003年4月以后参加厚生养老金的人）。

以下为详细内容。

○老龄厚生养老金的计算公式为平均标准报酬额×5.481/1000×厚生养老保险的被保险月数（2003年4月以后参加养老保险）

○假设平均标准报酬额为“年收入÷12”，那么一年减少的养老金为“平均标准报酬额×5.481/1000×12”

○年收入÷12=平均标准报酬额，所以年收入×5.481/1000→“年收入×0.55%”

以年收入600万日元的公司职员为例，如果一年没有缴纳养老保险费，养老金就会减少3.3万日元（=600万日元×0.55%）。

为了确认自己的养老金金额，最好的方法就是，查询每年生日当月发送的“养老金定期邮件”。或者使用日本养老金机构所运营的“养老金网站”，也可以使用电脑或智能手机，24小时都可以查询关于养老金的信息，可以查看到目前为止缴纳了多少保费，养老金有多少，还可以计算出哪年可以回本。

多少岁开始领取养老金最合算？“盈亏平衡年龄”只是一个标准

另外，在杂志上经常能看到关于养老金的提前 / 延迟领取的测算。原则上，从 65 岁开始领取公共养老金。但是，也可以选择“提前领取”或“延迟领取”，前者会减少一定比例的养老金，后者会增加一定比例的养老金，且这个比例会持续终身（表 3–3、表 3–4）。

但是，根据养老金制度改革，2022 年 4 月以后最晚领取的年龄从 70 岁上调至 75 岁，增加的养老金上限由 42% 提升至 84%（0.7% × 12 个月 × 10 年），大幅增长（需要注意的是，由于税金和社会保险费等的增长，因此到手的金额更少了）。

提前领取的减少额度率也从 0.5% 放宽至 0.4%，所谓的“盈亏平衡年龄”（相比 65 岁开始领取养老金，提前 / 延迟领取相差的年龄）有所改变。

日本国民 2020 年的平均寿命为男性 81.64 岁，女性 87.74 岁。从这个角度考虑，今后选择“男性提前领取，女性延迟领取”可能会更划算（图 3–4、图 3–5）。

表3-3　提前领取和寿命的关系

以65岁满额领取77.78万日元为基准

新制度带来的好处！

提前领取（提前）　　　　每个月减少0.4%

开始领取的年龄（岁）	年领取金额（万日元）	盈亏平衡年龄（寿命超出此年龄，提前领取就不划算）
60	59.1128	未满80岁
61	62.8462	未满81岁
62	66.5797	未满82岁
63	70.3131	未满83岁
64	74.466	未满84岁

表3-4　延迟领取和寿命的关系

延迟领取（推迟）　　　　每个月增加0.7%

开始领取的年龄（岁）	年领取金额（万日元）	盈亏平衡年龄（寿命不到此年龄，推迟领取就不划算）
66	84.3135	77岁以上
67	90.8470	78岁以上
68	97.3806	79岁以上
69	103.9141	80岁以上
70	110.4476	81岁以上
71	116.9811	82岁以上
72	123.5164	83岁以上
73	130.481	84岁以上
74	136.5817	85岁以上
≥75	143.1152	86岁以上

新制度带来的好处！

※不足1日元的部分四舍五入

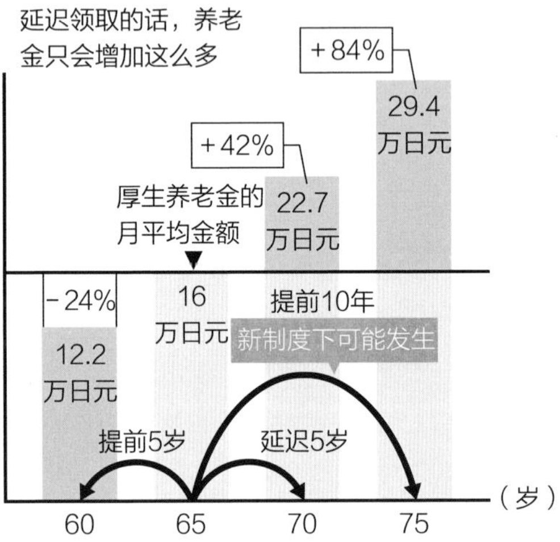

图 3-4　提前 / 延迟领取和盈亏平衡年龄

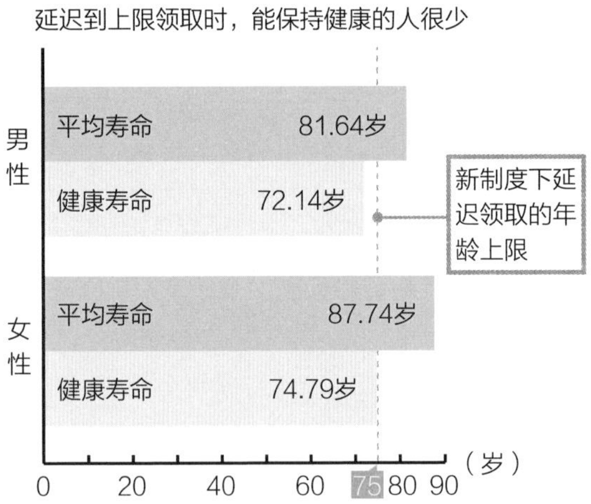

图 3-5　延迟领取与健康年龄

话虽如此，养老金的开始领取时间不能只通过计算得失来选择。养老金是为了增加稳定的收入，所以要看你到那个年龄时是否需要这笔钱。

盈亏平衡年龄或许可以作为一个标准，但我认为最重要的是，根据自己想怎样度过晚年，以及生活方式来选择何时开始领取养老金。

（√养老金是晚年生活的基础。根据计划决定开始领取养老金的时间。
× 过于拘泥于“盈亏平衡年龄”，不能过上预想的晚年生活。）

26 因提前退休而自生自灭的人和变得幸福的人

我第一次看到“经济独立，提前退休”（FIRE）这个词是在2020年末。起初我误以为这是“火——和过劳者的职业燃烧至尽综合征①一样”的意思。现在我深刻地理解了源自美国的“经济独立，提前退休”（Financial Independence, Retire Early）运动。

说到提前退休，到目前有很多在大企业工作的高薪上班族拼命挣钱，在退休年龄前提前退休，过上怡然自得的生活。这种提前退休的想法由来已久。

但是，经济独立与提前退休这种生活方式在像《财务自由——提早过你真正想过的生活》（*Financial Freedom: A Proven Path to All the Money You Will*）的作者葛兰·萨巴帝尔（Grant Sabatier）这样的千禧一代中大受欢迎，尤其是对二三十岁的年轻人来说。这个想法也可以通过省钱储蓄和理财来实现，是普通的工薪族也能实现的计划。

① 燃烧至尽综合征指持续努力到一个临界点，彻底耗尽了自己，再也无法打起干劲。——译者注

近来，受新冠疫情影响，远程办公急速普及开来。工作和生活的方式发生巨大变化，由于在家时间增多，大概有很多人会重新审视自己至今为止的人生，思考今后的路要怎么走。

经济独立与提前退休，首先需要的是“相当于一年生活费的25倍的资产”

虽说是经济独立与提前退休，但也分为如下几种类型。以类型①为目标的人很多，但是可以这么说，更现实的还是类型②、类型③。

①海岸型。从本职岗位退休后，除了理财收益，还可以通过副业获得收入，实现经济独立的方法。

②部分经济独立型。不辞职，通过转变成灵活的工作方式，实现半退休[①]的方法。

③地理性套利型。套利指的是“套利交易[②]”。攒够一定的资产后辞掉工作，移居到小地方或国外等物价便宜的地方，

① 半退休是拥有一定的资产，提前退休，靠少量的收入生活。——译者注

② 套利交易是指，当具有相同价值的商品出现一时的价格差时，卖出较高的一方，买入较低的一方后，在两者的价格差缩小时，分别进行反向买卖来获取利润。——译者注

通过降低生活成本实现经济独立的方法。

在实现经济独立与提前退休的方法中，通过增加收入和减少支出，有意识地提高储蓄率，为本金储蓄做准备。在实现经济独立与提前退休后，基本是用理财收益来支付他们一生的生活费。虽说“1 亿日元资产”是目标，但实现的指标有两个，一个是“相当于一年生活费的 25 倍的资产”，另一个是关于退休后资产相关的“4% 规则”。

例如，每年生活费为 300 万日元，有 25 倍即 7500 万日元就可以。将这笔钱作为投资的本金，以年利率 4% 投资的话，年收益为 300 万日元。将生活费控制在投资本金的 4% 以内，就可以不动用本金而只用收益生活，就是这个道理。

要认识到经济独立与提前退休的缺点

经济独立与提前退休的优点在于可以自由地使用自己的时间，过上向往的生活。不用做不喜欢的工作，不用被社会所束缚，也可以自由地选择居住地。在达成目标的过程中，养成节约的习惯，能够以最低限度的支出进行生活，具备理财所必需的金融素养。

但是，缺点在于能不能应对比预期生活支出更多费用的情况以及是否能维持年 4% 的收益率。而且由于提前退休，自己的事业和技能提升都停滞了。

实际上，有些人即使获得了足以实现经济独立和提前退休的投资本金和理财收益，也不会辞职。用工资来维持日常生活，不用被迫地确定投资的利润，也不会对投资造成压力。

再者，4% 规则是为传统的 30 年的退休时间而制订的。也有人质疑这个规则，是否能适用于可能长达 70 年的经济独立与提前退休。另外，在国民年收入停滞不前的日本，原本就难以形成可以作为本钱的资产。

并且，最值得关注的是经济独立与提前退休说到底也只是手段，而不是目的或目标。作为结果，重要的是事先考虑好用剩余的时间做什么。在本节前面提到的著作中，萨巴帝尔先生也说过："暂时放松一下也无妨，从某种程度上来说，工作会使你过上健康的生活。"

✦ "4 种工作"是什么？

因此，希望大家重新思考工作的意义。

我认为工作有 4 个"R"或者"L"。第 1 种是为了大米而工作（RICE WORK）。大米是生活的食粮。也就是说，为了吃饭和获得金钱而工作。第 2 种是为了爱好而工作（LIKE WORK）。做自己喜欢的、适合自己的工作。第 3 种是为了生活而工作（LIFE WORK）。做关乎人生的工作。第 4 种是为了光明而工作，这里的光明有 2 层含义：一层为"正确"

(RIGHT),另一层为“光明”(LIGHT)(照耀他人),即做自己认为正确的工作,或者给别人带来梦想和希望的工作。见图3-6。

为了大米而工作(rice work)

●为了吃饭、获得金钱而工作

为了爱好而工作(like work)

●做自己喜欢的、适合自己的工作

为了生活而工作(life work)

●做关乎人生的工作

为了光明/正义而工作(light/right work)

●做对人类、对社会有意义或正确的工作

图3-6　4种工作

这4种工作并不是按顺序排列的,从为了大米而工作向为了爱好而工作、为了生活而工作推移,也可以从退休后开始为了光明而工作,如果能在年轻时就开始为了光明而工作,那将是很棒的事情。另外,也有非常幸运的人在早期阶段就能够发现自己喜欢的工作,将喜欢的工作变成可以凭借其吃饭、获得金钱的工作,还可以变成终身从事的工作。

这样一想,在实现经济独立与提前退休的结果中,自毁前途的是那些预料之外的支出增加了,理财也亏损了,年纪轻轻就中断职业生涯,无法回归社会的人。

而且，能享受提前退休的幸福的人，是那些明确知道要为了谁做什么事情的人。

（√从不想做的工作和家庭收支的管理中解放出来，没有压力。
× 意外的支出和理财亏损，职业生涯中断，无法回归社会。）

27 把退休金和父母遗产用于投资，容易招致巨大的失败

人生中，有时会出现突然拥有数百万日元、数千万日元等天降巨款的情况。可能是因为父母或亲属遭遇不幸而领取遗产，退休后领取退休金，或是买彩票中奖，等等。这种时候，人们往往会想“机会难得，不如投资增值”。另外，如果把得到的钱一直放在账户里，银行就会趁机打电话来推销。但是，这样的投资必然会失败。原因有两点。

①没有正确把握“风险容忍度”。

②卖方和买方之间的信息差距大。

首先原因①中的“风险容忍度”是指对理财的风险（损失），可以接受的程度及风险范围。需要根据年龄、收入、持有资产、投资期限、投资经验等，定性地分析。

基本上金融机构会根据客户的风险容忍度、签订合同的目的来推荐产品，法律禁止对客户进行不适当的推销。但是在现实中，金融机构对于客户的风险容忍度的判断，很多时候都是模糊不清的，结果导致客户很容易被“自己负责任”这种表面好听的说辞蒙混。

如果是年轻、有充足时间，但收入和储蓄都很少，没有

投资经验的初学者，风险容忍度就会很低；收入和储蓄很多的人，乍一看风险容忍度很高，但到了退休或其父母因高龄而不在世上的年龄时，挽回损失的时间有限，风险容忍度也会相对地变低。

关于原因②，应谨记卖方（金融机构的负责者）和买方（客户）在充分理解金融产品的机制和内容方面存在着明显的信息和知识差异。

在使用大笔资金前应考虑的 3 个要点

接下来，我将向各位介绍在使用大笔资金前应考虑的 3 个要点。

要点①：考虑手头有多少资金可以用于投资

在考虑手头有多少资金可以用于投资时，尝试将手上的资金分为 4 类（表 3–5）。例如，继承了 1000 万日元的木村雄二（化名，50 岁），加上他原有的 1000 万日元存款，手上现有 2000 万日元的资金。虽然想尝试理财，但木村基本上没有什么投资经验。他目前还有读高中的孩子，将来孩子上大学还需要更多花费，至少手头资金的一半是绝对不愿意减少的。如表 3–5 所示将资产按性质①～性质③的金额进行分类后，木村手上的 2000 万日元中④可投资收益性资金只剩下 170 万日元。这样可用于投资的金额意外地很少。

表 3-5　计算投资金额

资产的性质	主要用途	金融产品案例
①流动性资金	● 生活费 ● 生病、受伤、护理的费用 ● 应急资金	一般存款、期限短的定期存款等
②各专项资金	● 已经确定了用途的资金（房屋翻修费、汽车置换费、旅行费、帮助子女结婚 / 买房的费用、子女教育费、丧葬费等）	定期存款、面向个人发行的国债、债券、旅行基金等
③安全性资金	● 2~10 年的养老资金 ● 不想减少的，最低限度的钱	定期存款、面向个人发行的国债、债券、投资信托、人寿保险（以日元为基准、一次性支付）等
④收益性资金	● 未来 10 年之后的养老资金 ● 留给子女和孙子继承的钱	股票、投资信托、外币产品、不动产投资信托基金等

①流动性资金。180 万日元（生活费 30 万日元 ×6 个月）。

②各专项资金。650 万日元（子女教育费：300 万日元；房屋翻修费：200 万日元；汽车置换费：150 万日元）。

③安全性资金 & ④收益性资金。1000 万日元（这是我不想减少的金额。也有通过“100%- 年龄 %”来计算安全性资金与收益性资金的比例。如 60 岁的话，用 100%-60%，安全性资金为 60%，收益性资金为 40% 等。）

从投资效率的角度来看，也有人认为不把资金分类，而是从资产整体的角度去考虑投资会更有效率。但是从理财规划师的角度来说，首先要有生活计划。对于投资来说目的也很重要，因而我建议大家从一开始就分开考虑，这样更容易理解。

要点②：不要一次性将大笔资金全部用于投资

以数千万日元为单位的大笔资金，很容易被全部使用。但是，一下子都用于投资并不是上策。因为“开始投资的时期”并不一定是“投资的最佳时期”。股价上涨的时候，如果投入大量资金，投资金额就会很大，但根据开始投资的时期不同，有不少人会遇到市价随后马上下跌、十分惊慌的情况。

因此我推荐大家参加类似积蓄式小额投资免税制度和公积金信托投资等的投资方式。尤其是积蓄式小额投资免税制度。每年 40 万日元以内的上市股票和投资信托等的投资收益和红利将免税。因为事先设定了上限，所以只要决定“只在小额投资免税制度的账户中投资”，就既容易理解，也让人放心。而且，通过积累，还可以分散投资时期、期限、时机等。

要点③：不要按照金融机构的建议购买金融产品

金融机构花言巧语推荐的金融产品，说到底只是金融机构想卖的东西，未必是适合客户的产品。

如果不能正确理解机制，选择符合自己需求和风险承受能力的金融产品，就很难享受优惠。特别是最近，商品开发速度很快，不断有新产品登场，投资者很难跟上。客户在不太了解的情况下就购买了被推荐的产品，当产品价格下跌后，后悔不已。

✦ 金融机构也需要制订 / 宣布以顾客为中心的业务运营相关原则和关键绩效指标（KPI）

不过金融厅于 2017 年 3 月通过了“以顾客为中心的业务运营相关原则”，该原则要求所有的金融从业者制订 / 宣布以顾客为中心的业务运营相关原则。“最优先考虑客户的利益来推荐商品，并根据每个人的具体情况来详细介绍商品的优缺点。”我很想吐槽：“在发布宣言前，难道你们就没有这样做吗！”

2018 年 3 月金融厅公布了落实以顾客为中心的业务运营相关原则的方针。这一方针将宣言内容的实践程度作为关键绩效指标公布。2021 年 4 月为了进一步渗透、落实以客户为中心的业务运营，金融厅要求相关信息要简明易懂。可以看出，金融厅正逐步提高门槛，以实现真正以客户为中心的业务运营。

从某种意义上来说，这些动向都是作为卖方的金融机构在与作为买方的客户之间存在信息差距的基础上，向客户靠拢的表现。

我们不能甘心于此，也不能因为投资难而放弃，要经常用严格的眼光看待金融机构，努力成为聪明的消费者。

（√确定可用金额，分散投资时机。

× 把大笔资金一下子都投到投资上。）

28 投资热潮时买股票等于自找赔钱

受新冠疫情冲击，全球股价暴跌。之后股价的剧烈波动，给投资者的经济状况带来了很大影响，也引发了空前的投资热潮。

根据野村综合研究所营销报告第 41 卷，“在疫情以前，随着积蓄式小额投资免税制度和个人型定额供款养老金计划等制度的普及，选择理财的人数占比呈缓慢上升趋势，不过在受新冠疫情冲击后，这种增长趋势也没有停止。尤其是 20 多岁的年轻人在 2020 年年初日本出现新冠疫情时，占比为 29%，但到了 2021 年 2 月占比提升 6 个百分点为 35%”（图 3–7）。当然如前文所述，在年轻人中仍有一定数量的人觉得“投资很可怕”“不想有损失”，对投资的态度，鲜明地分为积极派和消极派。

20 多岁、30 多岁的人来向我咨询理财的人数增多，因此我对这个数据有更切身的体会。投资新手怕赶不上投资热潮，容易执着地认为“自己也试着开始投资吧”“再不买就吃亏了”，但是投资热潮通常发生在股价最高的上升局面，这本来就是开始投资最坏的时机，像自找损失一样。在世人为股价上

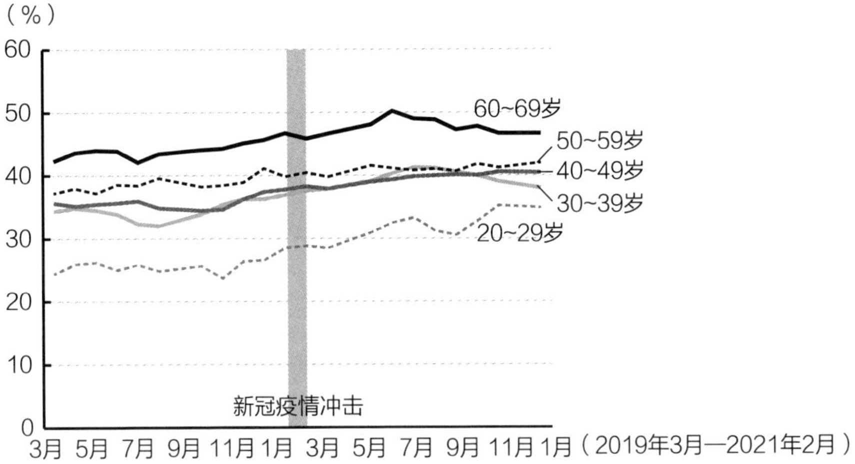

资料来源：野村综合研究所营销报告《解读最新数据——野村综合研究所营销报告》第41卷“新冠疫情影响导致投资热，年轻人金融意识出现两极分化”。

图3-7 进行理财的人数占比

涨而欢欣雀跃的时候，初学者加入，高位买入，在下跌的时候慌忙止损（在损失较少的阶段卖掉有损失的金融产品），导致损失扩大的例子数不胜数。

另外在股价上涨时常见的是，因持有股的股价上升，收益增加而追加投资。前述调查也显示，与日本政府第一次发布紧急事态宣言的时间2020年4月相比，2021年1月1日“增加”投资额的人中，50~69岁的投资者占15%左右，40~49岁的投资者占20%，30~39岁占30%，20~29岁占40%，越年轻的人“增加”投资额的比例越高，可见他们对投资的态度更加积极。

但是，如果因为股价上涨，就去动用孩子的教育费、住宅购买资金等已确定使用目的的钱，在股价下跌时损失就会增大，酿成无法挽回的后果。即使股价上涨，也不能骄傲自满。（也有相反的情况，亏损时，为了拿回本金而投入更多的钱。）

投资的基本原则是“低价时买入，高价时卖出”

当然，从年轻的时候开始投资，让时间成为你的伙伴，这很重要。即使股价下跌导致亏损，只要持有数年甚至数十年，一定会上涨。与机构的投资专家相比，用剩余资金投资的个人投资者不需要追求短期的结果，而需耐心等待时机（请参照第 3 章第 22 节）。

但是，投资的基本原则是“低价时买入，高价时卖出”。谨记投资热潮时应静观其变，等股价下跌，社会投资热稳定下来时，再低价买入，这是投资基本中的基本。

顺便一提，2000 年互联网泡沫破灭时，日经[①]平均指数下跌约四成，2008 年雷曼事件时，日经平均下跌约五成，受新

① 由日本经济新闻社编制公布的、反映日本东京证券交易所股票价格变动的股票价格平均指数。——译者注

冠疫情影响日经平均下跌约三成。也就是说，“投资资金的三成到五成可能会因为股价下跌而损失”。

作为理财规划师，我想没有人会觉得钱即使都没了也没有关系，我建议大家通过“在最坏的情况下，家庭经济可以承受亏损多少资金”，来确定用于投资的资金占比。

另外，有些人因为一直关注股价波动，甚至到了影响工作的程度，有些人因为下跌行情而感到不安，难以入睡，这时可以停止投资或者暂时休息一下。正如有一句投资格言所说“休息也是行情”，在看不清整体行情时，休息也是重要的投资要素。

（√静观社会投资热潮，等待时机。

× 在投资热时认为“不买就会吃亏”而增加买进，在下跌时就慌忙卖出。）

29 会攒钱的人，会如何分配资产

有的人虽然想投资，但又想尽可能地减少亏损。对于有这样想法的人，有效的方法就是“分散投资”。“分散投资”是指不集中投资一种资产，而是分散投资不同性质的多种资产。日本以前就有“资产三分法”（一般是指“现金”“土地”“股票”）的理论，也有人看到过“不能把鸡蛋放在同一个篮子里”（一般有 3 个篮子）的格言和插图吧。

分散投资的优势在于，可以通过投资多种资产来降低风险。例如，即使同样是股票，投资像丰田汽车公司这样的出口型企业和电力、燃气等内需型企业相结合的公司股票，不仅可以投资日本国内资产，还可以投资海外资产。通过组合多种资产，分散价格波动带来的风险，获得稳定的表现。“分散投资”与“长期积累”一起被称为投资的必由之路。

那真的是分散投资吗？真正能分散投资的人其实很少

但是，其实真正能做到分散投资的人却出乎意料地少。

前来咨询理财产品的工藤仁美（化名，60多岁）拿着证券公司的“合同内容通知”（交易明细表），她说：“我很介意，只有这只股票亏损了！要不还是卖掉它？只有亏损的这只股票是证券公司工作人员推荐的！其他都是我自己选的。”就好像在表示自己选的股票是正确的，金融机构负责人推荐的产品不好。

从分散投资来看，其理论是将不同价格变动的资产进行组合，所以在某个时点出现亏损的资产（品种），也是没有办法的事情。从某种意义上来说，工藤女士说的话，是因为她其实并没有正确理解分散投资的含义。

另外，还有犬童圭吾（化名，40多岁）也一边给我看明细表，一边自豪地说“我听说分散投资很重要，所以分散投资了很多品种的资产”。但是仔细观察就会发现，犬童圭吾只是投资信托的数量多，投资对象全都是海外股票型基金（主要是新兴国家[①]）。这样一来，就不能说是有意义的分散投资。投资对象形势好的时候还可以，如果形势恶化，就会损失惨重。

有效地分散投资，必须具备以下三点。

①投资“对象”的分散。分散金融产品的品种（品种分散），是指将资产分散到债权、股票、不动产等，按资产（财产）类别进行分散的方法。后者被称为“资产配置”，是指对

① 新兴国家是指经济发展程度介于发达国家以及发展中国家之间的国家。——译者注

哪种资产以何种比例进行投资的资产分配方式。与之相似的“投资组合”是指对个别品种的分散和组合。

②投资“时期”的分散。这是指分散投资时期，以减少价格变动带来风险的方法。“美元成本平均法”[①] 就是由此形成的。例如，避免在价格高（行情上涨）时集中买入。

③投资“期限”的分散。关注利率动向的同时，分散投资期限的方法。

✦ 选择具有“资产定位”意识的产品

一般来说，在投资组合运用中，相比选择哪个品种（A 公司的还是 B 公司的），投资哪种资产（国内股市 / 国外股市、国内债券 / 国外债券等）这样的资产配置更重要。

“资产定位”作为资产配置的进化型理论出现，是指资产存放地点，也就是说将资产放到哪里。

例如，选择办理高利息定期存款业务的网上银行，或选择手续费较低且便利的证券公司等金融机构，都是重视资产定位的行为之一。

另外，为了提高资产定位的效率，需要优先使用具有税

① 美元成本平均法是指定时定额投资法，是一种程式化投资法。——译者注

收优惠的账户。公司的财形储蓄制度、个人型定额供款养老金计划、积蓄式小额投资免税制度等制度，都可以被称为具有资产定位意识的产品。

顺便说一下，从分散风险的角度来看，分散投资的思维方式也可以运用到日常生活中。例如，夫妻两人从事不同职业、不同行业的工作，共同赚钱，以应对产业结构变化和破产等风险；或者全家人不购买同一款保险，而是分别购买不同的保险公司的产品，来分散破产风险等情况。

（√通过分散投资提高资产的整体表现。
× 集中投资预估收益高的项目，承担巨大风险。）

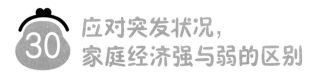

30 应对突发状况，家庭经济强与弱的区别

受新冠疫情影响，很多人陷入了失业、加班费 / 奖金削减、收入减少等从未预料到的困境。其实不仅是疾病，还有火灾、地震、台风等，都可能导致人们失去居住的家园和维持生计的工作，任何人无论何时何地都有可能陷入经济上的窘境。

一提到风险应对能力弱的家庭，人们都往往会联想到没有正式工作、收入很少、社会保障薄弱；没有存款；单身妈妈家庭劳动力不足；收入来源只有养老金的独居老人等这样的家庭。但是，现实中却远不止如此。

实际上，即使收入相对较高的家庭，也可能由于金钱的使用方法不当而导致家庭经济困难。尤其是有住房贷款和教育费用等“固定支出”负担较大的家庭，更需要注意。

餐费和水电煤气取暖费等每月变动的费用“变动支出”，可以根据收入进行调整。但是，像住房贷款、房租、孩子的补习班和教育费用、生命保险费等这些“固定支出”，其特点就是每个月需要一定的金额，而且难以改变（家庭收支平衡的标准在第 2 章第 18 节）。

如果到手月收入为 40 万日元，房租 10 万日元以上就危险了？

例如，夫妻二人和上中学的孩子一起居住的家庭，家庭月收入到手金额为40万日元的话，居住费①的合理费用为10万日元以内。如果高收入家庭的固定支出大大超过这个标准，一旦发生意外的事件，长时间收入减少，家庭破产的可能性较高。

难以支付居住费，搬家的话也需要钱。即使想重新考虑偿还住房贷款，但是由于还款期限已经迫在眉睫，而且还借了最大限额的钱，所以也很难改变。也不能让孩子放弃费用很贵的私立学校。这些费用项目难以轻易减少，因此可能会一下子陷入赤字，甚至可能出现家庭破产的危机。

当今时代，气候变化也变得严峻，今后会发生什么谁也无法预料。以防万一需要事先重新思考变动费和固定费用的平衡。

资产负债表中净资产的比例越大越健康

不只是每个月的家庭收支，家庭资产和负债的情况也需

① 居住费是指与住房有关的一切费用。具体来说，包括出租房屋的租金、公共服务费、自用房屋的抵押贷款还款、房产税等。——译者注

要重新评估。为此，尝试制作资产负债表吧（表 3-6）。这是表示某个时间点的资产和负债情况的资产负债表，通常是由企业制作，个人或家庭也可以制作。

资产负债表是根据时价进行评估的，因此可以掌握实际的财产。另外，还可以查出仅凭现金流量表所不能反映出的资

表 3-6　资产负债表

（可通过资产负债表掌握房贷余额、资产和负债的平衡，资产组合的平衡等）

单位：万日元

资产	金额	负债及净资产	金额
现金	100	房屋贷款	2150
存款	300	车辆贷款	80
生命保险（解除合同返还金）	80	教育贷款	0
股票	0	奖学金	120
投资信托	40	信用卡小额贷款	0
面向个人的国债	50	负债合计②	2350
定额供款养老金	120	净资产（①－②）	450
不动产（土地 / 建筑物）	2000		
汽车	100		
家具家电等家庭动产	10		
资产合计①	2800	负债 / 净资产合计	2800

净资产少以及为负值的时候，家庭经济状况不佳。应该通过节省和减少负债来增加净资产。

产构成的问题。

净资产的比例越大，说明资产负债表越健康，如果为负数的话，就说明资不抵债。也就是说，即使有财产，但借款太多的话，应对突发情况的能力也很弱。

正如阿德勒心理学中也提到过的，乐观主义就是下定决心“虽然不知道未来会发生什么，那就在当下尽可能地做好准备。尽人事听天命，从容前进”。但乐天主义认为“反正不会发生最坏的事，所以没关系”，过于乐观地看待现实。对不良情况往往视而不见，容易忽略隐患。

为了应对突发情况，应学会乐观主义而不是悲观主义或乐天主义。直面现实，尽可能正确地分析，积极地做好现在能做的事情。人生短暂，只有一次。在可能的范围内做好自己力所能及的事以后，尽情地享受人生吧。

（√从平时就开始重新考虑固定支出 / 变动支出的平衡。
× 到那个时候再想好了，什么都不做。）

31 增加收入的副业

如今，人生中的工作方式迎来了转折点，是一个需要被重新认识的时代。特别是副业，国家和企业都在大力支持其发展。

2017 年 3 月，厚生劳动省发布了“工作方式改革实行计划”，促进副业 / 兼职的普及。接着于 2018 年 1 月制定了“关于促进副业、兼职的指导方针”，总结了关于副业 / 兼职，企业和劳动者在现行法令下应该注意哪些事项。2020 年 9 月，厚生劳动省进一步修改指导方针，明确了副业 / 兼职时，劳动时间管理和健康管理的相关规则。

这些政策的制定，其实还是因为经济方面的因素。国家的社会保障制度难以担负所有，希望大家自力更生渡过难关。公司无法支付足够的工资，员工仅凭本职工作难以生活。出于三方各自的立场，副业也是不得已而为之的吧。

根据劳动政策审议会安全卫生分科会的“关于副业 / 兼职劳动者调查”（自 2020 年 7 月起实施）显示，从事副业的劳动者占全体劳动者的比例为 9.7%。在做副业的原因中，“想要增加收入”占比最高，为 56.5%；其次是“只做一份工作的话，收入太少无法维持生计”，占 39.7%，果然经济方面的原因排在前列。

通过副业获得的平均收入为9.7万日元。占比最多的是“5万日元以上不满10万日元”（13.5%）、接下来是“10万日元以上不满20万日元”（12.2%）、“不满5万日元”（10.9%）。不过，令人惊讶的是“70万日元以上”（10.3%），竟然有一成以上的人能够获得高额收入。

虽说是副业，就是在工作日的晚上和周末休息日打零工、在家工作、利用兴趣销售手工制品、利用个人物品交易软件和网上拍卖销售物品、写博客和发布视频等。随着网络环境的普及，出现了很多以前想象不到的工作。

由于副业的基本原则是“在空闲时间进行”，所以很容易根据工作时间和报酬金额来选择。但是，即使是副业，如果选择了不喜欢的工作，就会感到越来越无聊，因为提不起干劲，有不少人很快就放弃了。所以我建议大家在选择副业的时候，**不仅要关注报酬和条件，更要关注自己的生活方式。**

考虑一周内工作、私人时间和副业的时间，可以安排多少时间做副业。具体地去考虑一下工作场所和职业种类等内容。通过想要尝试/喜欢的工作，选择适合自己的时间和报酬的工作，也是选择副业的要点。

另外需要注意的是税金。通过副业获得收入时，根据工作的种类和报酬金额的不同，需要纳税申报的要求也有所不同。例如，公司职员下班后在便利店等地工作时，报酬即为工资所得，金额无论多少都需要纳税申报。

另外，通过网站联盟[①]、转卖、作为视频博主和外卖送餐员获得的报酬是杂项收入[②]（专业的话是企业收入）。

年收入在 20 万日元以上需要进行纳税申报。20 万日元以下不需要申报。另外，这个纳税金额由报酬减掉花费的经费后是否在 20 万日元以上来决定。

到目前为止，从事副业但不在纳税申报范围内，这种情况恐怕还有很多。但随着国家对环境进行整顿，企业也朝着解禁的方向发展，收入达到需要纳税申报标准的人自然而然地增多。

因此，在 2020 年税务制度改革中，明确了杂项收入的金额计算和纳税申报规则，自 2022 年起，可对以前年度的杂项收入进行阶梯纳税（分为 300 万日元以下、300 万 ~1000 万日元、1000 万日元以上三个阶段），根据金额不同，所得金额的计算和纳税申报手续也不同。大致来说就是“收入越高需要的申报资料越多，收入低的话，可以用简便的方式进行申报”。

但是，由于是根据前年的杂项收入金额来划分阶段，例

---

① 现在在日本比较流行的一种网络广告形式，按效果计费。——译者注

② 杂项收入是所得税中应税收入的一种区分方式，包括利息收入、分红收入、房地产收入、事业收入、工资收入、退休收入、山林收入、转让收入以及一次性收入等。——译者注

如2022年的纳税申报是根据2020年的杂项收入金额来确定的。所以，从现在开始通过副业获得的收入被归为杂项收入，需要进行纳税申报的人应予以重视。

受新冠疫情影响，不仅在家办公和远程办公迅速普及，还证明了只要有网络，就能完成某些工作。

今后，如果各位有意获得本职工作以外的收入 / 增加收入，请务必提高对纳税申报以及税务相关知识和信息的敏感度。

（√与生活方式相适应的副业充实了生活，也有利于本职工作。
× 什么都不懂，不思考，意气用事地开始，几乎赚不到钱，身体也会垮掉。）

32 自我投资也是一项重要的投资

说起投资，很多人想到的是购买金融产品进行投资吧。不过这只是投资的一个侧面。所谓投资，就是投入你所拥有的能量，在未来得到某种回报。也就是说，对自己的投资也是一种优秀的投资。

因此，最近备受关注的“回流教育”本来是指完成义务教育之后，教育和就业交替进行的教育系统。不过在日本，也指一边工作一边主动学习，还包含了在学校以外学习的意思，因此被广泛使用。

其优点在于，能够提高技能，掌握专业技术。有助于提升职业技能、转换职业、增加年收入。

安日本公司①以35岁以上的中年人为对象进行的调查（2019）显示，“正在参加回流教育”的人占47%。年收入1000万日元以上的为56%。

回流教育内容的排名前三分别为“取得专业资格证书”

---

① 安日本公司（en Japan Inc）是总部位于东京都新宿区的日本企业。提供招聘信息、人才介绍服务等。——译者注

（47%）、“经营 / 商业必备的知识和能力”（44%）、“英语等语言能力”（42%），大多数都是有助于提高现在工作的专业度的内容，非常符合自我投资的含义。

但是，缺点在于费用负担以及要兼顾本职工作。上述调查在“到目前为止未参加过回流教育（重新学习）”的原因中，“学费和课程费的负担较大”（59%）占比最高，其次是“工作时间长，没有时间上课”（53%）。

另外，国家也支持回流教育，人们可以充分利用失业保险的“教育训练给付金”，来减轻费用负担。

学生时期的学习是为了自己，进入社会后的学习是为了回馈自己和社会。无论是对自身而言，还是对社会而言，一辈子持续地自我投资都是不可或缺的。

（√通过自我投资，提升技能、转换职业，实现年收入增加。

× 由于没有钱也没有时间，所以无法进行自我投资。）

第4章

重视健康就能攒下钱

——应对准备篇

为什么你攒不下钱？

所有生病的人都觉得“怎么会是我呢？”

重要的是为最坏的情况做好应对准备，期待最好的结果，享受人生。

33 健康比你想象中更值钱

日本人的寿命越来越长，工作时间也越来越长，健康的价值被提高到前所未有的高度。经过新冠疫情，对任何人而言，健康都是头等大事。这种思想正在逐渐普及。那么健康的“经济价值”有多大呢?

如果健康且长寿，就不用花费医疗费和护理费，从而能够节省并存下钱。拥有健康就能够长期工作并获得持续的收入。但是，如果经常生病的话，那就不行了。我曾尝试做过一个模型，模拟健康的好与坏对家庭“经济价值”产生的影响。

如图 4–1 所示，公司职员后藤大登（化名，40 岁，单身）住在自己刚买的房子里，设定其在 85 岁逝世，根据 45 年间的收入和支出的变化、医疗费和护理费等相关内容，分别尝试模拟 3 种“健康程度”的场景。

【场景 2】继 55 岁患脑卒中之后，后藤在 75 岁时又罹患脑血管性痴呆症，于 85 岁去世。从 40 岁到 85 岁，包括自身之前就有的高血压在内的治疗、用药等花费和护理费合计 1600 万日元以上。患脑卒中之后，虽然有发放的伤病津贴和医疗保费赔偿金等收入，但由于身体状况不稳定，他在 57 岁

“健康程度”给资产状况带来的巨大变化

例：后藤大登【40 岁，单身，公司职员（销售岗）】
收入：
▼年收入 800 万日元（可支配收入 590 万日元）。
▼领取一次性退休金的时间和金额因不同场景而异。
▼开始领取公共养老金的时间和金额因不同场景而异。
支出：
▼生活费每月 20 万日元（除去居住费等，退休后按 80% 计算）。
▼住房贷款月付 11.7538 万日元（贷款余额 4000 万日元）、年还款 141.456 万日元（无奖金支付）。和贷款不同，固定资产税、火灾保险费、公共服务费、修缮准备金等居住费每年 40 万日元。
▼爱好是旅行。每年旅行 2 次（年预算为 15 万 ~50 万日元）。
▼医疗保险（住院日额度为 1 万日元，手术补助金、终身支付保险费月均 4000 日元）。
▼家电的更新换代费用等每年 20 万日元。
▼一生共计花费 300 万日元改造房屋。
▼丧葬费 100 万日元。
储蓄存款：500 万日元（40 岁时）。

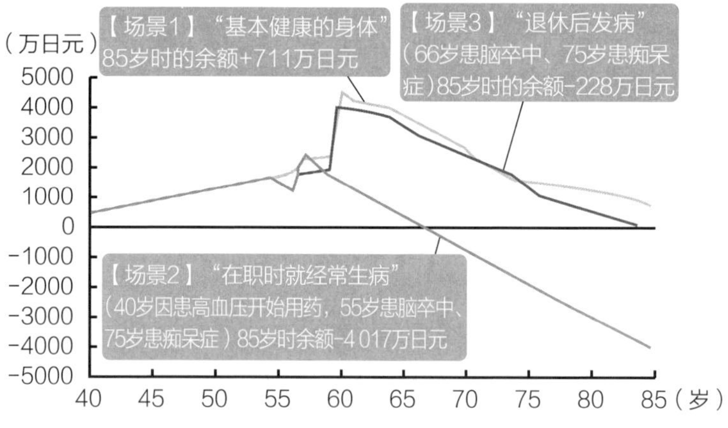

图 4-1　存款余额对比

时就不得不提前退休，提前领取退休金。实际收入比【场景 1】要少。结果就产生了“+711 万日元”和“-4017 万日元”约 5000 万日元的差额。

另外,【场景 3】是 60 岁后半期开始领公共养老金之后患上脑卒中的情况。按照 85 岁去世的时间来看，储蓄余额约为负 200 万日元，但是截止到 75 岁患上脑血管性痴呆症之前，储蓄余额还有约 1200 万日元。

通过【场景 2】和【场景 3】的对比，我们可以深切地体会到，维持一个健康的身体状态会带来巨大的经济效益。

另外，这些场景的共同之处在于 60 岁退休后，如果到 75 岁还没还清住房贷款的话，经济形势将变得很严峻。虽然也可以用退休金还清贷款，但这样的话，就不免担心养老资金是否足够，而且随着年龄的增长，患其他疾病和痴呆症的概率也会提高。最好在退休之前就定好目标。

并且，如果后藤在办理住房贷款时加入了附带特定疾病保障的团体信用生命保险，那么脑卒中发病后的现金流将会完全不同。“附带特定疾病保障”比一般的团体信用生命保险中的保费（利息的增加部分）高，但如果患有癌症和脑卒中、急性心肌梗死等特定疾病，在满足一定条件的情况下，就能偿还住房贷款，此后无法持续就业的话，剩余债务就会被清零。根据金融机构不同，也有不需要缴纳保险费的金融机构，因此需要提前确认。

随着医疗技术的进步，即使患有某种疾病，也“不会死”（更准确地说是“不能死”）的概率越来越高。明明“不能死”却和健康的身体一样“不工作”，由于没有收入而“没钱”，如果处于这三“无”状态的话，经济上不可避免会负债。

尤其是最近很多人由于转换成远程办公而导致运动量不足。还有一种说法是“肌肉减少”引起疾病和体力下降，导致额外花钱。平时注意锻炼身体，努力做好预防工作。

（√维持健康也被认为是创造资产的一种方式。

× 不注重健康。缺乏运动，不注重营养。）

34 越是经济上不富裕的人，越应该接受癌症筛查

我记得以前去原宿的时候，看到车站前挂着好多写着“去做癌症筛查吧”的大牌子。

说到癌症，人们很容易认为这是老年人才患的疾病。的确，随着年龄的增长，患癌率也逐渐增高。但是，宫颈癌作为女性特有的癌症，也被称为“母亲杀手”，二三十岁的单身人群或是忙于育儿和工作的年轻群体患此病的概率也有所增加。患者不去检查，也没有症状，但等到发现患病的时候，可能为时已晚。

也许正因为如此，才会在年轻人聚集的原宿，放置警示大家预防癌症的广告牌。但是，这一举动到底能有多大的传播效应呢？

内阁府[①]的“癌症对策 / 吸烟对策相关舆论调查（2019 年 7 月）”显示，有 29.2% 的人回答“迄今为止没有做过癌症筛查”。

---

① 日本内阁机关之一，除了处理内阁总理大臣（首相）主管的政务，还负有协助内阁制定与调整政策以强化内阁机能的功能。——译者注

另外，回答“2 年之前做过癌症筛查”和“迄今为止没有做过癌症筛查”的人，被问到为什么不做癌症筛查时，回答最多的是“因为没有时间”（28.9%），其次是“对自己的健康状况有信心，感觉没必要检查”（25.0%）、“因为担心的时候，可以随时去医疗机构进行检查”（23.4%）、“需要花钱，造成经济负担”（11.8%）这样的顺序。

特别是从年龄来看，因为费用负担而不去做癌症筛查的人群中，16% 的人为 10~29 岁，需要注意的是 30 多岁的人群占 23.11%，占比最大。

早期发现患癌的话，会减少医疗费和其他的费用

但是“因为没有钱，所以不做癌症筛查”的想法是大错特错的。正确的想法应该是“没有钱的人更应该好好进行癌症筛查”。

这是因为，癌症这种疾病，如果能在早期发现，并进行适当的治疗，治愈的可能性很高。而且，越早期发现，治愈后复发的风险就越低。

例如，女性最容易罹患的乳腺癌的 5 年相对生存率（2011—2013 年诊断病历），一期为 100%，二期为 95.9%，生存率非常高。但是，三期降到 80.4%，到了四期仅为 38.8%，

生存率大幅下降。癌症的生存率是指确诊癌症以后，一定时间后生存的概率，一般是指相对生存率（排除因癌症以外的疾病或事故造成身故而计算出的结果）。

男性患病率第一的前列腺癌也是如此，一期到三期的 5 年相对生存率为 100%，但是四期只有 65.6%。

也就是说，即使得了癌症，如果能定期接受癌症筛查等检查，在早期发现的话，就能够降低死亡风险（根据癌症的种类）。同时，也能够降低复发或转移的可能性。

✦ 癌症相关花费标准为每年 50 万 ~100 万日元

虽然癌症相关的花费，根据癌症的种类和进展程度、治疗观念的不同而有所差异，但是一般标准下，一年的花费在 50 万 ~100 万日元。癌症发病时需要一定金额的治疗费用，如果复发 / 转移就会再次花费治疗费用。如果治疗时间延长，费用也会随之增加，影响到工作和收入。

可能有很多人会觉得“明明自己没有感觉到什么症状，检查就是浪费钱”“去检查太麻烦了”，但是如果吝啬检查费用和检查时间的话，就要承担高额的医疗费以及其他费用，收入也会暂时中断，可谓是本末倒置。实际上，越是经济不富裕的人越应该积极地接受癌症筛查。

进一步来说，癌症筛查也不能盲目地进行。顺便一提，国家倡导进行的癌症筛查只有胃癌、宫颈癌、肺癌、乳腺癌、大肠癌这 5 项。根据不同的年龄和个人的身体情况，每个人适合的检查也不同，需要了解应该在哪个医疗机构进行什么检查。

癌症也许是一种很可怕的疾病，但是如果仅怀有一种莫名的不安感，就无法解决任何问题。在当今 2 个人中就有 1 个人罹患癌症的时代，我认为即使得了癌症也要活出自我风采，因此针对癌症和疾病，我们应该了解具有正确依据（科学依据）的信息，拿出面对自己的身体和心灵的勇气。这才是最重要的。

（√定期接受有效的癌症筛查。

×癌症筛查既浪费钱又麻烦，所以不去做。）

35 不想为痴呆症付钱的话，40岁就开始慢走散步吧

长谷川和夫于2021年11月13日逝世（享年92岁）。和夫先生是痴呆症护理研究/研修东京中心的名誉主任，发明了著名的“长谷川式简易智能评定量表”，被用来作为痴呆症的诊断指标。作为治疗痴呆症的专家的他，于2017年宣布自身也患有痴呆症，这在社会上引起强烈的反响。

关于消息公布时的情况，同为医生的儿子长谷川洋先生表示：“我当时发表评论说‘父亲得了痴呆症后，我松了一口气’，大家都很惊讶我竟然这么说（笑）。……这是因为，甚至连全日本对痴呆症最了解的父亲也得了痴呆症。这似乎证明了任何人都有可能得痴呆症，所以我才说松了一口气。”（《家庭画报》2022年1月号）

2020年，在日本65岁以上的老年人中，痴呆症患者的人数约为602万人。65岁以上的人群中大约每6人就有1位痴呆症患者。甚至有预测，今后患者人数还会持续增长，到2025年，在65岁以上的老年人中，每5人就会有1位患者，换算成整个日本人口来说，就是每17人就有1个人会发病。

而且在需要他人护理的原因中，痴呆症排名第一。厚

生劳动省“国民生活基础调查概况”（2019 年）显示，在需要护理的原因中，回答最多的是“痴呆症”占 18.7%，其次是“脑血管疾病（脑卒中）”占 15.1%，以下依次是“年老体弱”占 13.8%，“骨折 / 摔倒”占 12.5%。从男女的角度来看，男性“脑血管疾病（脑卒中）”占 23.0%，女性“痴呆症”占 20.5%，各有不同。

很多人担心自己患上痴呆症，坚持散步和锻炼大脑，也是因为想象到痴呆症患病后需要护理的情况吧。

痴呆症被认为是无法根治的疾病，预防是最重要的。日本神经学会的“痴呆症疾病诊疗指导方针（2017）”中，也列举了可通过适当的运动、饮食、休闲活动、参加社会活动、精神活动、认知训练等来预防痴呆症。

特别是运动，2001 年国家的一项研究显示，对未患痴呆症的 4615 位老年人进行了连续 5 年的追踪调查，其结果显示“运动量多的一组（每周进行 3 次以上强度大于步行的运动）”比“运动量少的一组（每周只进行 3 次以下强度小于步行的运动）”在轻度认知障碍和阿尔茨海默病以及其他所有痴呆症方面的发病风险明显更低。

作为预防措施，具体来说，推荐大家每周做 3 次以上、每次 30 分钟以上的有氧运动（慢跑、游泳、健身操等）。进一步来说，将运动和痴呆症课题相结合，似乎可以提高预防效果。那么从 60 多岁开始，一边慢走一边计算时间和次数，或者一边和其他人聊天，就可以放心不会得痴呆症了吗？其实也并非如此。

从四五十岁起，导致痴呆症发病的物质就开始积累了？

一般来说“大脑从 40 岁后半期开始老化”。痴呆症中最常见的是“阿尔茨海默病性痴呆”约占 70%。导致其发病的物质是大约从发病前 20 年就开始在体内积累的。

痴呆症是一种随着年纪增长发病率增高的疾病。60 多岁的人群发病率不高，仅为 3%，但到了 70 岁后半期男性的发病率为 12%、女性为 14%，到了 80 岁后半期男性为 35%，女性为 44%，发病率急剧增长。甚至，到了 90 岁后半期，男性发病率高达 51%，女性高达 84%。

也就是说，假设 70 岁以上的人发病的话，那么他从 50 岁体内就开始积累导致发病的物质了。其次是痴呆症中第二常见的“脑血管性痴呆症”，约占 20%。例如脑卒中引起的症状恶化等，这类疾病是由脑血管障碍导致的。脑卒中在男性需要护理的原因中的占比排第一位，糖尿病或高血压性疾病、血脂异常症等所谓的生活习惯病都是发病的原因。从 40 岁后半期开始，这些疾病的患者数量急剧增长。

总之，我并不是说从 60 岁开始运动没有意义。但是，如果想要降低痴呆症的发病风险，从 40~50 岁就开始采取应对措施真的不算早。

另外，阿尔茨海默病的新型治疗药物“阿杜那单抗”备受关注。该药于 2021 年 6 月获得美国食品药品监督管理局批准，但是在日本 2021 年 12 月 22 日厚生劳动省的药剂 / 食品卫生审议会上，该药物被暂缓批准纳入医保并继续审议。其费用换算成日元，一年需要约 600 万日元。考虑到阿尔茨海默病的患者人数，可以这么说，想要在国民皆保险制度的日本获得批准的话，必须要解决的问题之一就是“钱”。

（√从四五十岁起就应该早为预防生活习惯病而努力。
× 深信等到了六十多岁再开始进行每天慢走的锻炼也没问题。）

36 为了防范风险，“储蓄”和“保险”二选一毫无意义

前来咨询理财规划的客户中，关于保险有两极分化的现象，一方面“本来应该买保险的人”却认为“保险没有用”，一点保险也没有买，而另一方面认为“买的保险已经足够了，不需要再买”的人却买了过多的保险。或者说，还有不少人不知道自己是应该买保险做储备，还是只储蓄就足够了。

一般来说，根据年龄段和人生阶段的不同，所承担的风险内容和大小也会有所变化。主要的风险有三种：①死亡风险；②疾病 / 受伤的风险（医疗费等支出增加，不能工作导致收入减少）；③需要用钱的风险（子女教育费用、养老资金等）。为了应对这些风险需要准备的资金对策被称为“风险理财”，为了有效利用这一对策，需要事先考虑好，万一发生什么意外，是通过“储蓄”还是“保险”来弥补经济损失。这很重要。

这里想要向大家介绍的是“储蓄是三角、保险是四角”这句话（图 4–2）。这句话体现了储蓄和保险的特征。当存款足够多时，一旦发生风险，虽然可以弥补必要部分的损失，但如果在积累存款的中途发生风险，就有可能无法充分地弥补损失。而保险，只要自投保责任开始日起，基本上随时都可以获

得一定的金额。（如果能加入适合的保险产品 / 保障额度）当发生意外时，资金准备不足的情况很少发生。

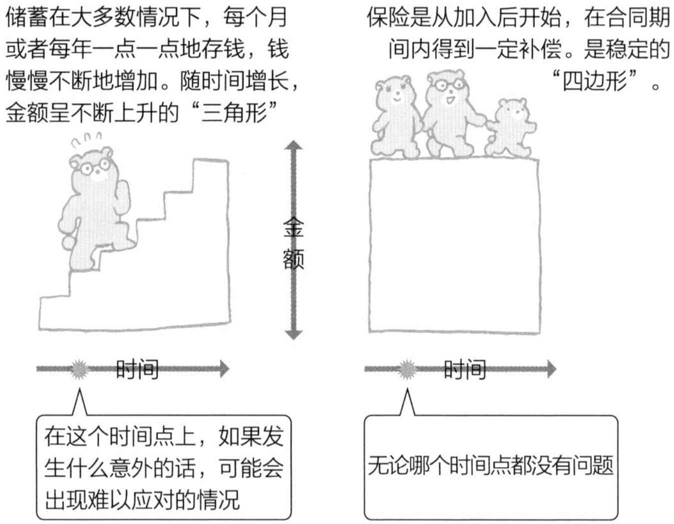
储蓄在大多数情况下，每个月或者每年一点一点地存钱，钱慢慢不断地增加。随时间增长，金额呈不断上升的“三角形”
保险是从加入后开始，在合同期间内得到一定补偿。是稳定的“四边形”。
金额
时间
时间
在这个时间点上，如果发生什么意外的话，可能会出现难以应对的情况
无论哪个时间点都没有问题

图 4-2　储蓄金是三角形、保险是四角形

应该灵活利用保险的人和有储蓄就足够的人，两者有什么不同？

虽说如此，保险也不是万能的。说到底保险是以投保人和保险公司之间的契约为基础成立的，因此如果不符合赔款条件，连 1 日元也拿不到。

因此，面对风险，最重要的不是储蓄和保险的二选一，

而是要把握它们各自的优缺点，选取两者的优点加以利用，以备不时之需。

例如，在大部分人二三十岁的时候，储蓄和收入都很少，还有需要赡养的老人和需要抚养的孩子。妻子（丈夫）是全职主妇（夫）或者打零工，一个家庭的顶梁柱如果发生什么事，那么预计家庭收入将无法达到可以支撑家庭开支的程度。四五十岁的时候，即使有储蓄和收入，但由于住房贷款、孩子的教育费等支出较多，要是不想花光积蓄，就应该买价格便宜且可以立即获得巨大保障的保险，以备不时之需。从某种意义上来说，保险就是在购买“时间”。越是没有收入和储蓄的家庭，越说“没钱买保险”，其实完全相反。“没有钱才更应该买保险”才是正解。

但是，在福利待遇和社会保障充足的大企业或政府机构任职的公司职员和公务员，只靠这些制度就有可能抵御大部分风险。特别是“夫妻双方都工作且是正式员工或者公务员”的情况，就没有必要过度依赖保险。

进一步说，如果你的孩子已经独立，房屋贷款也已还清，还能拿到以数千万日元为单位的退休金，也有一定数额的储蓄，你就可以从保险中“毕业”了，配备储蓄（自家保险[①]）

① 拥有多数保险标的物的人，为了应对意外损失，自己积累相当于保险费的金额。——译者注

也是一种方式。如果对抵御意外风险的“必要保险金额”感兴趣的话，可以搜索保险公司运营的网站进行预估。

另外，我们经常听到“保险性价比低”这句话，这完全是错误的理解。保险是由一种相互扶助（万人为一人，一人为万人）的想法而产生的，原本就不能用得失来衡量。例如，即使加入了健康保险，也不能因为交了保险费，为了回本而去医院吧。有的人或许是想通过对比保费和赔偿的金额来判断性价比的高低，但是不能将保险的本质和商品内容混为一谈。

保险是为了抵御那些发生概率较低，但会造成巨大经济损失的风险。如果只是为了抵御那些自己造成的发生概率高的风险，仅凭储蓄就可以了。不要被信息所迷惑，正确地理解差异，灵活地使用吧。

（√认清自己是否真的需要保险，适当购买。

×“担心万一发生意外”而过度购买保险，储蓄为零。）

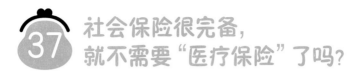

37 社会保险很完备，就不需要“医疗保险”了吗？

我想聊一聊最近流传的不需要保险的理论。作为一名理财规划师，如果盲目相信这种论调或者将其解释得过于随意，就会导致很多本来需要保险的人不参加保险（特别是二三十岁的人），我对此很是担忧（购买保险的相关内容请参照第 4 章第 36 节）。

不需要保险理论的根据之一是日本有完善的社会保障制度。日本的公共医疗保险确实具有三大特点：①所有国民都可以加入某种公共医疗保险，即“国民皆保险制度”；②可以自由地选择日本国内的任何地方的医疗机构“自由通道”；③用低廉的医疗费用享受高质量的医疗服务，这是享誉世界的优厚制度。

我以前在美国做演讲的时候，每当介绍到日本的社会保障制度，会场上就会响起“难以置信”的欢呼声。

美国的公共医疗保险，对象仅限于老年人、残障人士和低收入者，大多数人加入的都是民间医疗保险。因此，根据保障内容的不同，接受的医疗服务也有所不同。我曾听说过这样一个小故事，有一个美国女性希望和正在交往的男士结婚，理由竟然是“他参加的健康保险好”。在结婚的条件中竟然包括对方公司的福利制度是否充足，真是让人震惊。

特别是，在日本的公共医疗保险中，“高额疗养费”特别好，自己负担一定的金额后，超出的金额就会被返还。是花费高额医疗费时，让人安心的给力伙伴。另外，还有“伤病津贴”在因病或者受伤无法工作时，作为公共收入保障，还有公共养老金中的“伤残养老金”，当人们发生一定的伤残情况时，就可以领取养老金等。确实，在发生意外的情况下，有了这些社会保险，就会觉得不需要民间保险了。

最好有思想准备：社会保险是会变动的

但是，稍等一下。社会保险虽然是保障的基础，但是也不能说有了社会保险就可以万事无忧了。生病或受伤导致我们住院时，“想要单人间好好休息！”但是床位费的差额是保险范围之外的，不能作为高额疗养费报销。高额疗养费并不包括我们想要得到的所有的医疗费和服务费，当我们生病或受伤时，住院时的日用杂物和去医院的交通费 / 住宿费等，这些都会增加保险范围以外的费用。

另外，伤病津贴也只适用于公司职员等被雇用者。原则上，个体工商户 / 自由职业者不在发放该津贴范围内。国民健康保险的加入者如果感染新冠肺炎，只有“被雇用者”可以获得伤病津贴。根据市町村长[①]的判断，也有可能将范围扩大到被雇用者以外的人群（个体工商户等），但在这种情况下，不能领取国家财政支援的资金。

并且，也应该注意经常修改的内容。随着少子化 / 老龄化社会的发展，国民医疗费日益增加。为了维持现行制度，只能增加个人的负担（保险费），减少能得到的补助。

表 4-1 总结了近期医疗和护理制度的主要修改点。大部分都是加入者或者利用者，增加负担相关的内容，修改的时间跨度也在逐渐缩短。为了以防万一，做好充足准备，如果想要扩大治疗等的选择范围，不能只依赖社会保险，准备储蓄 + 民间保险也是必不可少的。

表 4-1　近期医疗和护理制度的主要修改点

修改时间		分类	主要内容
2018 年	4 月	医疗制度	住院时的餐费由每餐 360 日元上涨至 460 日元
	8 月	医疗制度	重新评估 70 岁以上群体的高额疗养费（现行水平细分为 3 个等级）
		护理制度	有一定收入的人自付比例修改至 30%
	10 月	护理制度	• 设定福祉用品出租价格的上限 • 严格利用上门护理进行生活援助
2019 年	10 月	护理和医疗制度	随着消费税的提高，调整诊疗报酬和护理报酬

① 日本基础自治体市、町、村首长的总称。

续表

修改时间		分类	主要内容
2021 年	4 月	医疗制度	对没有介绍信的患者的首次诊疗费等费用的合计范围扩大到病床数量在 200 张以上的所有医院
	8 月	护理制度	• 变更高额护理服务费用征税家庭收入划分办法，提高自付限额 • 划分补充支付（餐费和居住费的减轻制度）的使用者，变更伙食费和居住费的自付限额
2022 年	4 月	医疗制度	将不孕症的治疗纳入保险范围
2022 年 10 月—2023 年 3 月		医疗制度	提高部分 75 岁以上人群（单人家庭 200 万日元，多人家庭 320 万日元）医疗费用中的门诊窗口付费至两成

并且，最近令人在意的是，用投资的收益来支付未来的医疗费这个想法。虽然投资能使全部资产增值一定金额，但是投资和疾病 / 受伤都是不确定的。当意外发生时，有太多不确定的因素影响收益的提高，作为理财规划师的我不推荐这个做法。

最后，我最希望大家可以了解的是，无论社会保险还是民间保险，所有的制度和服务都是自助服务。也就是说原则上是要自己申请的。所以，不清楚都有什么制度的人容易吃亏。

（√确定社会保险对象，根据需要自行准备应对。

× 过于相信日本的社会保障制度，根本不把民间保险放在眼里。）

第5章

改变对待家庭的方式，就能攒下钱

——人生大事篇

为什么你攒不下钱？

人生大事离不开钱，但人能付出的时间和金钱是有限的。要好好研究把钱花在哪里，并知晓自己的财力。

38 "结婚性价比低"是误解

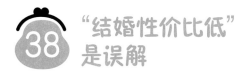

咨询理财规划的客户中，无论男女，都有一定数量的人明确地表示过"我不会结婚"。

比如，当一位40岁左右的单身女性来咨询买房时，我有必要向她确认结婚后是否还继续在那里居住，是否还能继续偿还住房贷款等问题，一旦被问到是否有结婚的打算，就有不少人像开头那样回答。最近有这样想法的年轻人似乎增多了。

日本内阁府关于少子化对策的调查结果显示，未婚的男女对于未来结婚的意愿，39岁以下回答"没有结婚的打算"的人占23.5%，超过两成。这个选项在40~49岁的人群的回答中占比为39.4%，50~59岁为61.5%，表现出随着年龄的增长，比例升高的特点。

不想结婚的理由中，39岁以下的未婚男女选择"不想失去自己的时间"的人占比最高，为44.6%，接着是选择"不能很好地和异性交往 / 恋爱太麻烦"的人占43.7%，选择"没有合适的对象"的人占40.1%，选择"会增加经济上的约束"的人占37.7%。

两个人生活比一个人生活的性价比更高吗？

的确，结婚各方面都需要花钱，所以经济基础和稳定很重要。但是，如果偏执地认为“结婚性价比低”而决定不结婚，那样未免太可惜了。

那么，从金钱的角度来看，真的能说“结婚性价比低”吗？

首先，我们试着从支出的方面来考虑。虽说结婚了，但房租、餐费、水电煤气取暖费等生活成本也不会直接就是单身时的2倍。

其次，由于两人可以分担家务，就能减少每个人的负担，如果之前因为太忙而选择送货上门或家政服务的话，结婚后就可以节省下这部分费用。

从收入的角度来看，双职工家庭的收入也会增加。即使其中一方因生病或者受伤无法工作，另一方也可以支撑起家庭开支，因而会让人有安全感。

并且，还能享受税收制度上的配偶扣除政策，根据工作单位不同，有的单位还有家庭补贴（关于妻子的工作方式请参照第3章第23节）。

当然，如果婚后有了孩子，支出会增加，工作和收入也很可能受到影响。另外，根据配偶的金钱观和价值观的不同，也有的家庭生活会变得比结婚之前更艰难。

假如只是考虑经济方面的原因而下定决心结婚的话，丈夫（妻子）被解雇、患病或者受伤无法工作导致收入骤减时，稳定的经济条件这个前提就不复存在了，那么夫妻关系就有可能破裂。

但是，如果不是仅因经济原因而结婚的话，据笔者所知，经济方面的困难，几乎都是可以通过夫妻齐心协力解决的。

✦ 结婚对退休生活的影响

并且，单身生活对家庭经济的影响在退休以后体现得更明显。总务省的家庭经济调查显示，夫妻两人无业、年龄均在 65 岁以上的家庭收支情况为：夫妻两人的家庭实际收入 25.666 万日元，消费支出 22.439 万日元，税金和社会保险费等非消费支出为 3.116 万日元，有 1111 日元的盈余。

但是，单身家庭的实际收入 13.6964 万日元，消费支出为 13.3146 万日元，非消费支出为 11541 日元，有 7723 日元的赤字，与双人家庭的经济形成鲜明对比。

当然，结婚的好处不能仅以计算得失来衡量，还包括和相爱的人一起生活的满足感、生活水平的提高、对工作的投入等多个方面。各种各样主观地评判人类幸福感的研究表明，结婚或者配偶的存在都会提高幸福感。

（√一个人收入拮据，两个人在一起，在经济和精神方面都可以合力渡过难关。

× 税收优惠、家庭补贴……只把结婚当作利益集合，紧紧抓住。）

39 抓住“买房时机”的人能攒钱

我收到了很多关于购房时机的咨询。但是很少有人发现，如果选错了购房时机，可能会对今后的生活规划造成很大的影响。

例如，你会选择下面哪个选项呢?

（A）结婚后马上买房或者在生孩子之前/刚生完孩子就买房。

（B）在孩子长大、家族成员构成固定后，再买房。

一方面，（A）选项的优势在于“营造的生活环境适合夫妻两人的生活方式”“即使有小孩以后家里会变得脏乱、吵闹，也比租房方便”“还清房贷后房子可以作为自己的财产留下来”等。

另一方面，（A）的劣势在于有可能“考虑买房时，以夫妻两人的生活为中心”或者“不适合将来有小孩的生活方式”。

在哪里买、买什么样的房子，根据家族成员构成的不同会有很大差异。对于没有小孩的丁克家庭来说，喜欢离工作单位近，生活便利的地方，但是如果家里有小孩子，就更重视有利于培养孩子的学区和环境。

公寓或者独栋建筑的房间布局，也会因为有没有小孩以及人数的不同而发生变化。如果孩子们性别相同的话，或许孩子们住在一个房间就可以了，但是如果性别不同，随着孩子们长大就需要为他们准备各自单独的房间。

进一步说，在选择（A）时，还需要注意能否继续偿还住房贷款。即使每个月住房贷款还款额和房租金额差不多，但是如果加上固定资产税和火灾保险费等成本，一年计算下来差额就会很大。

在双方都是单身的时候，好好攒首付和各自的存款，如果遇到“就是这个！”投缘的房子，这种情况另当别论，但是或多或少都会让人产生对经济上的担忧。

尤其是双职工夫妇，刚结婚就买房，后来有了孩子，妻子辞职，由于妻子的离职，家庭收入大幅减少。甚至有不少家庭在育儿的费用、住房贷款的压力下，家庭经济周转不灵，无法维持生计。

当然，也有很多人在结婚后不久就买房，并做好了家庭理财。但是，孩子一出生，家庭经济情况就会发生翻天覆地的变化。如果“糊里糊涂”地仓促行事，就可能面临破产的风险。

不要被“0首付，全搞定”的营销话术所迷惑，重要的是提前做好预算，来评估自身的家庭经济条件，是否能够承受包括买房后的花费在内的所有费用。

✦ 设定具体目标，提高节约和储蓄的积极性

因此，向双职工夫妇推荐的是在（B）选项。大概在第一个孩子上小学的时候，这时孩子的升学和生活规划等事宜已经确定下来，重返职场的妻子的收入也稳定了。也有人因为生产、育儿暂时离职，以这个时期为契机再就业。

买房后，面临的最大压力就是孩子的教育费用。大多数家庭在孩子出生后就开始准备孩子的教育资金。结婚后必要的储蓄计划：（1）攒买房的首付款；（2）为孩子准备教育资金。

储蓄计划的基本原则是：①目的（为了什么）；②目标金额（多少钱）；③期限（存到什么时候），明确了这3点之后就可以开始储蓄。

例如，关于（1）的储蓄计划的原则：①买房的首付款；② 1000 万日元；③计划存到孩子上小学之前，存 6 年，那么每年需要储蓄的金额约为 167 万日元。

接下来（2）相关：①孩子的教育资金；② 3000 万日元；③计划存到孩子上大学之前，存 18 年，那么每年需要储蓄的金额约为 17 万日元。这两者合计每年需要储蓄的金额约为 184 万日元。平均每个月需要储蓄 15 万日元以上。

这样估算的话，大部分人都会感叹“收入少，存不下那么多钱啊！”而放弃吧。但是我建议“孩子的儿童津贴和妻子

的打零工收入加上奖金的一部分一起存的话，剩下的以每个月存下月收入的两成为目标，一个月一个月地积累起来，这样一来存的钱不就够了吗”，听完我的建议，大家的思想开始变得积极起来：“那样的话，努努力还是可以的。”无论对于谁来说，每个月的赤字都很让人心烦。设定具体的目标，有利于维持节约和储蓄的动力。

人生中只有 3 次“储蓄时机”

在这里希望大家了解的是，人生中只有 3 次储蓄时机：第 1 次是“结婚后，生孩子之前”；第 2 次是“孩子小时候（上学之前）”；第 3 次是“孩子（最小的孩子）大学毕业后，自己退休之前”（图 5-1）。

把握好这 3 次时机，储蓄效率会更高，买房也是如此，不要错过第 1 次和第 2 次的储蓄时机，好好攒钱，一定会有丰厚的回报奖励。

当“偿还住房贷款”和“储存教育资金”告一段落后，“养老资金”这个需要一大笔金额的人生大事又在向你招手。即使不结婚、不生孩子，只要活着，人就会老。如何迎接漫长的晚年生活，取决于你的准备。

根据每个家庭的情况和想法，储蓄的优先顺序也有变化。但无论什么事，尽早采取对策才能让人安心。

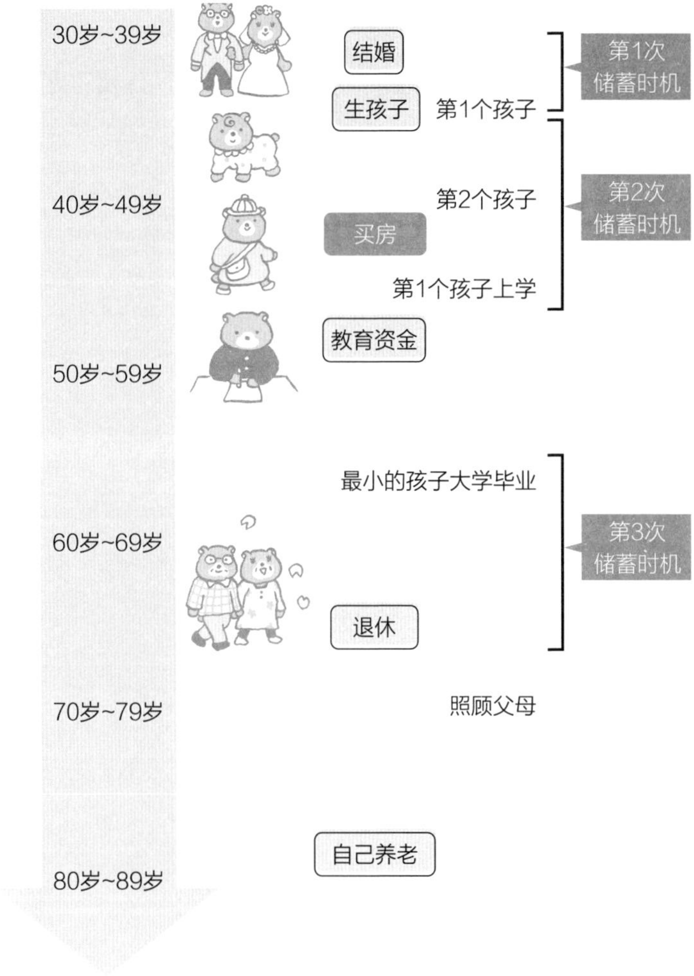

图 5-1　人生只有 3 次储蓄时机

（√结合生活规划，把握购房时机。

× 早买是赚到？反正是一笔“糊涂账”，还是买了吧。）

40 想着“总有办法还款”而申请房贷的人，加入了家庭破产预备军

最近几年，由于房价高涨，30 多岁的人申请 5000 万 ~6000 万日元等大额房屋贷款的情况越来越常见。以我的咨询客户为例，单身购买者年收入为 5000 万 ~6000 万日元，夫妻购买者年收入合计为 8000 万 ~10000 万日元。尽管现阶段还没有足够的首付和还款能力，却还想要申请巨额房屋贷款的人“是不是有点轻率”?

听了他们的话，我发现他们还是和以前一样，认为“付房租太浪费了”“房屋所在地段等条件好的话，万一有需要也可以卖掉”“即使退休时还没还清贷款，也可以用退休金来还款”等。但是，现实却不那么理想化，作为理财规划师，当看到年青的一代背负如此高额的债务时，不禁感慨他们的危机感是不是太低了呢？老实说，这让我很担心。

盲目贷款的不仅仅是年轻人。也有“因为换工作而不得不离开公司宿舍”“离婚后至少要有自己的房子”等的人，和到了 45 岁以上 50 多岁的时候，才申请住房贷款的人。

根据住宅金融支援机构的用户调查，以前 30 多岁的用

户占半数以上，而现在这个比例有所减少，45 岁以上的用户的比例正在增加。2011 年，45 岁以上的用户仅占用户总数的 20%，但到了 2019 年，该年龄层用户的占比急速增加到 29%。

即使是老年人，只要准备好充足的首付款，也可以申请 10 年等还款期限比较短的住房贷款，但是在大部分情况下，首付款是房屋价格的 10%~20%。并且到 75 岁还在还款的人随处可见。前几天，甚至还有客户向我咨询，想让她 20 多岁刚踏入社会的女儿代为偿还住房贷款。

她表示:“我觉得我女儿不会结婚。到现在也没交过男朋友，而且她自己也说没有那个意思。50 多岁的丈夫和我都经常生病，不能做什么工作。丈夫还有 5 年就退休了，但现在连养老钱都没存下来。照现在的情况，房款还要还到 75 岁。我不想卖掉房子，反正女儿一辈子都是单身，就想让她代替我们还贷款。”我听后，一时不知说什么好。

浮动利率的利率水平创历史新低

这一切在超低利率的环境下都是顺风顺水的。

众所周知，住房贷款的利率类型可大致分为“固定利率”和“浮动利率”两大类。前者是指贷款月供一直按照最初的利率计算，最长 35 年“全期间固定利率”的代表就是住宅金融支援机构提供的“福莱特35”[①]。除此之外，还有先选择一定期限（3年、5年、10年等）的固定利率，这段时间结束后转变为浮动利率，或者可以重新设定固定期限的“期间选择型固定利率”。

后者是每过一段时间（通常是半年）就重新评估其所适用的利率，是贷款期间内的利率会变动的一种类型。但是重新评估的结果并不会马上影响每个月的还款金额，重新评估后5年内的还款金额不变。另外，还规定了重新评估后的还款金额上限为评估前还款金额的125%。

利率水平从高到低依次为全期间固定利率→期间选择型固定利率（期间越长利率越高）→浮动利率（图5–2）。

但是，图5–2说到底只展示了住房贷款的“挂牌（基准）利率”。在实际办理住房贷款时，有的还可以享受有折扣的利率优惠。

特别是，浮动利率行情创史上新低，很多金融机构的利率为0.3%~0.4%。期间选择型固定利率和全期间固定利率也保持在一个很低的水平，虽然不同金融机构有差异，但10年固定利率都为0.5%~1%，35年固定利率都为1%~2%（取自2022年2月18日利率）。

① 为“flat35”的音译，是指住宅金融支援机构与民间金融机关共同提供的长期固定利率的房贷。——译者注

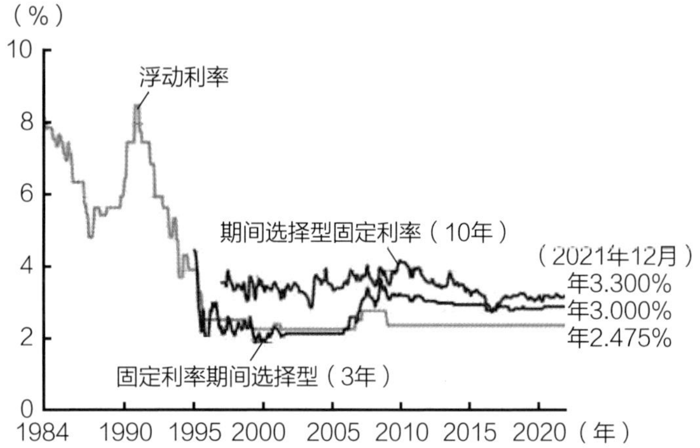

数据来源:主要都市银行的网站主页统计的利率(中位数)。另外,还有1984年以后的浮动利率,1995年以后的期间选择型固定利率(3年),2007年以后的期间选择型固定利率(10年)的利率数据。

注:本图表示的是过去的住宅贷款利率变化,并不承诺或预测未来的利率变化。

图 5-2　民间金融机构的住房贷款利率变化

由于利率如此低,在上述用户调查(于2021年4月调查)中68.1%的用户选择了浮动利率,20.7%的用户选择了期间选择型固定利率,11.2%的用户选择了全期间固定利率。

但是,还需向各位说明,浮动利率存在利率上升的风险。以日本目前的状况来看,虽然急剧上升的可能性很低,但在大家还贷款的20~30年间,谁也不能保证利率不会上升。并且,到那时有人会想:“利率上升了,那就改成固定型的。”但是,这种想法过于天真了。

一般来说，利率上升，首先是反映市场“预期”的长期利率上升。之后随着“实际情况”在短期内利率也会上升。利率类型中有作为基准的利率，固定利率是长期利率，浮动利率是短期利率。也就是说，即使“因为浮动利率的利率上升了，想要改为固定利率的话”，也为时已晚。因为那时的固定利率已经上涨了。

关于利率上涨时的对策，“没有什么打算”的人占两成

更让我不安的是办理住房贷款的人的金融素养水平。在上述调查中，针对住房贷款的商品特性和利率风险的理解，在选择利率可能发生变动的“期间选择型固定利率”和“浮动利率”的人中，四至五成的人表示“担心自己没有理解”“（完全）没有理解”。并且，随着利率的上升，应对还款金额增加的方法有“有余力偿还目标和资金，继续还款”“如果利率负担变大，就全额还款”“为了降低还款金额或者减轻利率负担，提前还一部分贷款”“还完再借”等，选择“没有头绪，不知道该怎么办”的人占两成。

恐怕大多数人在签订贷款合同时，都不认为在整个还款周期内，自己的收入会保持不变。但是，过于相信“总有办法

的”人似乎也没有错。在职务退休[1]或提前退休前，可以想象到收入减少的几种情况，退休金也有逐年减少的趋势。社会养老金也有可能推迟至65岁发放。医疗和护理的社会保障负担增加。主要原因在于住房贷款的利率降低，贷款更变得容易，除此之外，未来的不确定性也在增加。

在申请住房贷款时，重要的是不要因为金融市场的变动而忽喜忽忧，因为利率低而盲目购买，而是要了解住房贷款的基本机制，准备好首付款和资金，认真考虑将来的还款计划等。

（√了解贷款的机制，充分准备好首付，研究还款计划。

× 如果浮动利率上升，就改为固定利率。）

① 职务退休是指达到一定年龄的员工从科长、部长等职务上辞职的制度。——译者注

41 把教育费用当作家庭开支中的“圣域”，就是在减少养老资金

在诊断家庭财务时，很多容易发生赤字的家庭都会有这样的“圣域”：“这些钱不能动”。而容易成为“圣域”的代表性支出就是孩子的教育费用。

很多父母不管家庭经济是否宽裕“都想为孩子花钱”，如果是相对富裕的家庭，从孩子小时候就开始有很多功课和练习、上补习班，初中和高中都是私立一贯制学校[①]……像这样花钱如流水的情况令人惊讶。

一般来说，孩子的教育费用根据升学路线的不同而有所改变，从小到大都上公立学校的话，从幼儿园到大学平均每人的费用约1000万日元。实际上，日本政策金融公库[②]“教育费用负担实际情况调查结果（2021）”显示，从高中入学到大学

---

① 一贯制学校是根据日本的教育法规中有关实施（包括九年制和十二年制）教育年限的规定组建起来的，贯穿小学与中学教育的一体化学校。它是一种新型办学模式，体现了教育的一体化和规模集聚效应。——译者注

② 是对民间金融机构的措施进行补充和支援的政策性金融机构。——译者注

毕业为止，每个学生的教育费用（入学 / 在校费用）为 942.5 万日元。另外，每年的在校费用（家庭中所有孩子的费用合计）占家庭年收入的比例平均为 14.9%。特别是“年收入 200 万日元以上，不满 400 万日元”的家庭，平均占比为 26.7%，接近三成。

另外，夫妻间关于孩子的相关花费，时常有意见不合的情况。例如，妻子“不想吝惜孩子的学习和补习班的费用”，主张孩子从小到大一直在私立学校学习，直到大学，而丈夫毕业于地方的国立大学，认为“没必要全都上私立，差不多就行了”。每个人都认为自己所处的环境是最好的。如果根本性思维方式不同，随着孩子升学，这种分歧就会越来越大，再加上越来越沉重的教育费用负担，很容易成为家庭矛盾的导火索。而且，还会陷入教育费用中常见的思维模式“都已经花了这么多钱了，不能半途而废”。

当然，学历和收入有着很大的关联，“一切都是为了孩子的未来”。我也是有孩子的家长，非常理解作为父母的心情。虽说如此，包括经济环境在内，我们父母这一代面临的环境形势很严峻。考虑到今后将会是一个越来越无法预知的时代，“为了孩子”的一生一世的投资，需要停下来好好思考。

✦ 没有钱也可以上国立大学吗？

相关教育费用的情况也有所改变。20世纪90年代后半期，我开始做独立理财规划师，“如果不能在教育上投入太多，绝对应该去公立学校”——这种建议几乎是公认的。但是在通货紧缩的情况下，教育费用仍居高不下。估算学费以外的全部费用，发现有时上私立学校会更便宜。

例如，从小到大都上公立学校，入学费用和学费都是最便宜的，但是每个都道府县大概只有1~2所国立大学。而且，除了首都圈，能在自家上学范围内找到符合自己希望的学院和适合自己能力的大学的情况屈指可数。如果一定要上国立大学的话，除学费以外还需要生活费和房租等费用。

进一步说，国立大学和私立大学的学费差额，相比以前有缩小的趋势。据文部科学省[①]介绍，国立大学的学费为每年53.58万日元，入学费为28.2万日元，合计约为82万日元。与此相对，根据“私立大学等2021年度入学学生缴纳金额等调查”显示，私立大学（文科系）的学费为每年93.0943万日元，入学费用为24.5951万日元，加上约18万日元的设备费用，合计约为136万日元，仅从合计费用来看，私立大学约是

① 是日本中央政府行政机关之一，负责统筹日本国内的教育、科学技术、学术、文化和体育等事务。——译者注

国立大学的1.7倍。虽然还是私立大学费用高，但是国立大学的入学费用更高。

像这样国立大学的学费和入学费用的上涨，反映了国家财政上的困难，也反映了财政当局认为应该缩小公立和私立大学之间的费用差距的意向，今后，国立大学的学费可能还会继续上涨。而且为了考上国立大学，还有人花费巨额补习班费用，所以现在已经不能单纯地说，即使没有钱也能考上国立大学了。

为教育花钱 = 减少自己的养老资金

无论如何，教育费用的多少取决于各自家庭的想法和规划。因此，我想传达的观点是“如果想为孩子花钱，请随便花”。但是一定会加一句“相应地，也要有不在乎推迟退休时间，减少养老资金的觉悟”。

与根据升学路线不同而有很大变动的教育费用不同，养老资金负担着生活的开销花费，所以在某种程度上来说是必需的。而且，如果想过上宽裕的晚年生活，就必须考虑到，为此额外所需的那部分资金（晚年生活费相关，请参照第3章第24节）。

人生中只有3次储蓄时机（详细内容请参照第5章第39节）。对于错失第1次和第2次时机的人来说，从孩子大学毕业后到自己退休前这段时间是最后的机会（图 5-3）。即便如此，如果过度地为孩子花钱，等到了退休的年龄，养老资金不足，就会陷入需要孩子提供资金援助的窘境，这对“为了子女”的投资来说，岂不是本末倒置。

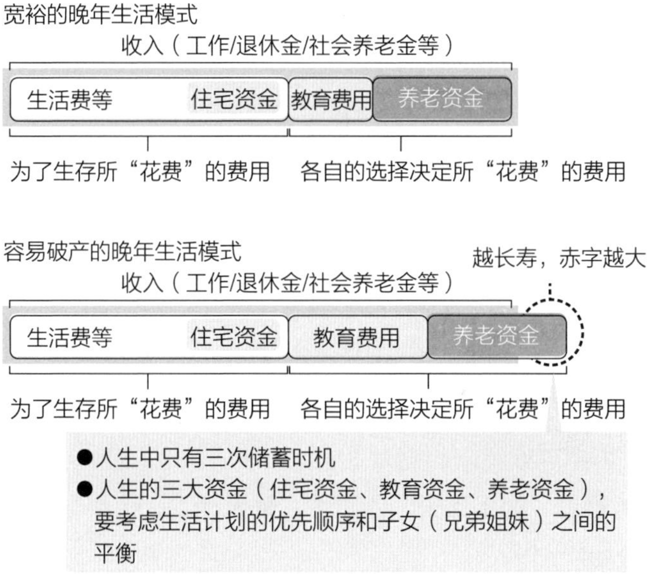

图 5-3 教育资金和养老资金是跷跷板的两端

另外高收入家庭往往会在教育和住宅两方面花费过多。有这样的情况，家长为了给孩子提供良好的环境，选择住在地价高的地区，受这些地区重视教育的氛围影响，对教育的投入越来越多。如果在孩子都报考私立学校的地区，也会因为与周围对比，而导致竞争过于激烈。

但是，在形成这样的局面之前，冷静地考量“能否在还房贷的同时，供得起孩子上私立学校”，这一点很重要。考量的结果，如果在支付教育费用和居住费的同时，还能储蓄充足的养老资金，那就没有问题，但是如果“舍得为教育花钱，但这样的话，买房的档次就要降低了”等，对此有一点担忧的话，就需要把握好平衡。

人生中的三大资金是“住宅资金”“教育资金”“养老资金”。在不同的人生阶段中，重要的是把握多种资金需求的先后顺序和平衡，同时好好思考，斟酌决策每一份资金应“花费”多少。

（√了解并不是花钱就能获得好的教育，摸索出适合孩子的最佳道路。

× 打着“为了孩子”的旗号，毫无计划，结果导致家庭破产。）

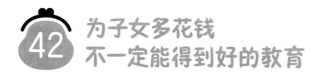

42 为子女多花钱不一定能得到好的教育

孩子的教育是父母非常关心的。但是让父母苦恼的是，就算在教育方面投入很多钱，也不一定对所有孩子来说都能获得好的结果。

我经常听说无节制地投入精心养育的孩子，长大后自立能力却很差这样的事例。

孩子从小时候起想要什么，家长就给他买什么，导致孩子失去物欲和劳动意愿，我看到不少条件优渥的家庭有这样的烦恼（当然，高收入家庭培养出很自立的孩子的事例也有很多）。

的确，正因为有经济上富足的父母，孩子即使不工作，也能保证衣食住行无忧。

另外，也有父亲忙于工作，几乎不愿意接触孩子的案例。因此，不能向孩子传递在社会上工作的意义、知识和经验等。当孩子因无法适应社会而苦苦挣扎的时候，由于父亲对家庭的漠不关心，导致孩子找不到解决问题的办法，任由问题一直存在。

并且，还能看到父亲对家庭的漠不关心，母亲也会因为寂寞而过分陷入养育和教育孩子中，结果容易导致对孩子的过度干涉和过度保护。还有要求孩子“必须……”，思想强势的父母给孩子施压“必须至少要考上 ×× 大学”，给孩子造成压力。

家长不能混淆“花钱 = 获得好的教育”

由于我不是教育工作者，所以没有立场去论述对孩子来说什么是好的教育。

仅作为理财规划师来说，我认为家长不能把“花钱 = 获得好的教育”混为一谈，这一点很重要。

父母在思考人生规划的优先顺序上，应该给孩子划好界限——“父母能做的就只有这些”，如果不够，可以利用奖学金等方式，让孩子自己承担，这也是一种方法。但是，由于贷款型奖学金需要偿还，所以父母要和孩子事先商量好，工作以后是否能够偿还。

我自己在大学时也使用奖学金，同时还做了好几份兼职来赚取生活费。我周围也有来自富裕家庭的朋友，靠父母寄来的大笔生活费生活，或是接受父母给他们买的公寓，我也不是不羡慕他们，但是我心里很清楚，别人是别人，自己是自己。现在看来，正因为有了这份经验，才使我从很早的时候就开始明白金钱的重要性和经济独立的意义，才能成为现在当理财规划师的自己，对此我非常感谢我的父母。

虽然我们常说不想让孩子为挣钱而辛苦，但他们迟早都将走向社会，靠自己的收入来生活。那么，我认为在孩子独立之前，让他们学会如何与金钱相处，也是父母的职责之一。

例如，在孩子上中学以后，不妨试着告诉孩子，父母每年付出的教育费用和教育费用占父母年收入的比例。你认为孩子会觉得你有以恩人自居的感觉吗？我不这么认为。当然，表达方式和说话方法也很重要，当孩子了解了自己的教育确实需要成本，就会思考教育的目的是什么，从而为获得相应的成果而努力。

实际中，我试着与学生们聊这个话题，他们告诉我“知道父母在自己的教育上投入很多钱，感激父母”“想要好好学习，将来有所作为”。

从 2022 年开始，根据新的学习指导纲要，高中也将在家庭课程中引入金钱教育。在今后的社会中，孩子们每个人都不该被动地应对无法预知的变化，而应积极主动地与之相处，让自己掌握创造更好的社会和幸福人生的力量，这种力量即“生存能力”，重视这种力量的培养是引入金钱教育的背景（图 5-4）。在家庭中也应该有更多的机会来思考和学习“生存能力”。

今后随着技术的进步，更加难以预知的时代即将来临

▼

在那样的时代，需要每个人都主动思考，具备行动能力（即生存能力）

▼

作为实践，高中家庭课程要求培养“人生规划能力”

图 5-4　引入金钱教育的背景

（√让孩子了解自己的教育费用，增强学习动力，为获得相应成果而努力。

× 父母为孩子花钱是理所当然的。）

43 “逃避 90% 对父母的照顾”真正的含义

照顾父母很辛苦。话虽如此，但其中的辛苦和困扰，不实际开始照顾是不会明白的。而且，有经验的人和没有经验的人之间也存在很大差距。

安盛人寿保险实施的“父母和子女关于护理的意识调查（2019）”显示，40 多岁、50 多岁的子女一代对照顾父母而感到困扰的问题，没有照顾父母经验的人，回答最多的是“护理费用”（54.4%），接着是“对自己工作的影响”（44.4%）、“自己的精神状态”（36.4%）、“护理场所和设备”（36.0%）、“自己的健康状态”（35.6%）。

而有照顾父母经验的人，回答最多的是“自己的精神负担”（62.0%），其次是“对自己工作的影响”（53.6%）、而后依次是“自己的健康和体力”（50.8%）、“自己的自由时间减少”（50.0%）、“护理费用”（33.6%）。由此可以看出，没有照顾父母经验的人担心费用方面的问题，而多数有经验的人担心护理的辛苦和烦恼等，被精神方面的负担所累。

另外，当问起有经验的人准备照顾父母时最重要的是什么，他们列举了“做好照顾父母的心理准备”“收集护理相关信息”“准备护理费用”“考虑自己的工作相关的事情”等。每一件都是95%以上的人切实地感到“重要”的事。但是，当询问没有经验的人这些准备的情况时，排在最后的依次是“预估护理费用”(5.2%)、“准备护理资金”(10.4%)、“收集护理相关信息”(13.2%)、“考虑护理开始后自己的工作情况”(13.2%)。由此可以看出，还没有把照顾父母当作自己的事情的人占大多数。

✦ 解决护理问题的3大武器“时间”“金钱”“信息”

在此基础上，解决护理问题不可或缺的是“时间”“金钱”“信息”这三项。在接受客户护理相关的咨询后，我更深切地体会到这些要素在相互影响，相互作用。

也就是说，在父母还不需要照顾、时间充裕的情况下，就要收集信息、寻找省钱的方法。如果没有时间，那就只能花钱了。

并且，在问题变得严重之前，思考照顾父母的问题更是为了自己。与其放任不管，使问题恶化，还不如尽早采取对策，这样无论在心理上还是经济上，损失都不会太大。而且，父母的今天就是自己的明天。在照顾父母的过程中提前“预习”，把将来照顾自己看作是“复习”，这个想法怎么样?

尽管如此，在前面的调查中，没有照顾父母经验的下一代还没有做好准备，这就是拖延，或者说是拖延症的一种。指的就是明明知道必须要做，但总是不知不觉拖延的一类人。暑假作业拖到最后一刻才做完，8月31日晚上不睡觉的经历，很多人都有过吧。

通过试着想象拖延的结果，因拖延而失去的东西=“恐怖故事”①能够有效改善这种情况。

当父母需要照顾时，你却完全不知道相关信息的话，请谁来进行护理？如果你觉得父母很有钱，结果账户上几乎没有钱怎么办？说起来，护理保险应该如何使用等情况都可能出现。

最近，据说还有人表示“我不照顾父母”，并拒绝一切介入干涉，但这类人在这么说之前，通常会经历各种各样的矛盾和不愉快。

并且，拖延做事，并不是乐天派和嫌麻烦的人的专属，还有很多完美主义者。因为他们太过执着于完美，所以做事总是难以入手。

护理，不需要追求正确或完美，如果不抱着“这样应该差不多挺好了吧”的态度，时间一长，大家都会疲惫不堪。

---

① 商业场景中的“恐怖故事”是指在做项目的时候，先设想可能出现的最坏情况，然后再谈可能产生的影响。——译者注

我曾写过一本名为《逃避 90% 对父母的照顾》[1] 的书。这个标题并不是指可以逃避照顾父母。而是说如果不从一开始就抱着逃避也没关系的态度照顾父母，越是把照顾父母作为自己的责任，认真的人，越会把自己逼入绝境。与其伤害父母和自己，不如寻找值得依赖的人或咨询窗口，倾诉烦恼和困难，这才是这本书标题的真正含义。

在照顾父母的过程中，年迈的双亲可能会说些任性的话，有时也会让人很生气吧。但是，父母无论到了多大年纪，总是会为孩子的幸福着想，孩子也希望父母幸福，大家相互为彼此着想。当你一筹莫展的时候，不妨重拾这份心情。

（√从早期开始就做好准备，寻找可靠的人或服务机构。
× 凡事都抱着“必须自己做”的想法，钻牛角尖。）

① 『親の介護は9割逃げよ』，小学馆出版。——译者注

第6章

控制使用社交网络，就能攒下钱

——人际关系篇

为什么你攒不下钱？

人际关系可以提高人的幸福指数，但有时也会由于交往对象和交往方式而变得不幸福。真是太麻烦了。

44 年收入高的人为什么不一定更幸福

几年前，我曾协助某个商业杂志做过一个专题报道，通过分析年收入1000万日元和400万日元的人的大数据来测定他们的幸福指数。正如这个专题的标题所示，这个专题的目的就是探寻年收入低的人应如何才能比年收入高的人更幸福。

调查结果显示，首先在“人生的满意度”的平均值方面，相比年收入少的人，年收入多的人的满意度更高。卡罗尔·格雷厄姆（Carol Graham）根据以世界各国的实证研究为基础所撰写的《追求幸福：关于美好生活的经济》（*The Pursuit fo Happiness*：*An Economy of Well-Being*）中提到，“安定的婚姻生活、健康、充足（但不过剩）的收入等会对幸福指数产生积极的影响，失业、离婚、不稳定的经济状态会对幸福指数带来消极的影响”。

但是，说到底这只不过是平均值。数据显示，有的人年收入不足400万日元，满意度却很高，可以看出他们重视人生中的“家庭和睦”“假日的充实度”“朋友的数量和朋友关系”“异性关系”等。另外，也有年收入超过1000万日元，满足感却极低的人，其主要原因在于“异性关系”。也就是说，相对地即使年收入低，但拥有家人和朋友、交往的对象等充实的人际关系的人，对生活的满足感较高，能够感受到人生的幸福。相反，有的人即使收入很高，但是夫妻关系或与恋人之间不和，又或者很孤独，这种情况下会对人生的满足感极低。

可长期持续幸福感的财产与无法长期持续幸福感的财产

在考虑幸福指数的时候，需要理解“地位财富”和“非地位财富”的区别。这是经济学家罗伯特·弗兰克（Robert Frank）在《落后：日益严重的不平等如何伤害中产阶级》（*Falling Behind: How Rising Inequality Harms the Middle Class*）中提出的一种观点。

“地位财富”是指通过与他人的比较优势而产生价值的东西，包括收入（金钱）和储蓄金额、社会地位、甚至是汽车和房子等物质财富。而“非地位财富”是指与他人的相对比较无关，其自身就具有价值，可以让人感到喜悦的东西。包括假日（休假）和朋友的关系、爱情、健康、自由、社会归属感等，是指所谓的“无价”的东西（图6-1）（像“结婚”这件事，由于人们对它的理解不同，使得它的定位左右摇摆，这也很有趣）。

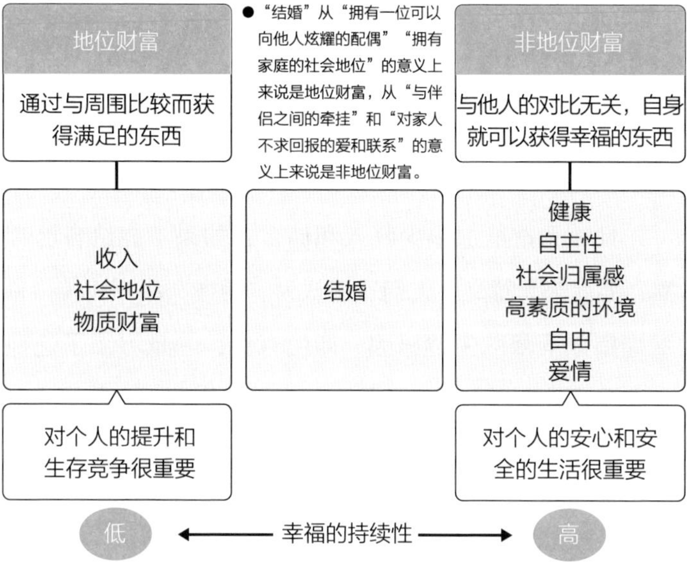

图6-1　地位财富和非地位财富

这两者在“幸福的持续性”这一点上不同。地位财富的幸福持续性低，非地位财富的持续性高。社会地位和高价车、高级公寓所带来的幸福感几乎不会持续太久，为了拥有长久的幸福感，温情的人际关系和充实的兴趣爱好是不可或缺的。

但是，明明知道这些，为什么人们还是要寻求获得地位财富呢？

“这绝不是一种羞耻的感情，而是一种非常自然的欲望，深深地刻在作为动物的人类的遗传物质（DNA）中”，也就是说，人类通过自然选择进化而来，所以在竞争社会中通过彰显与他人的比较优势，把“获得地位财富”作为目标。

但是，像现代社会这样贫富差距较大的社会，特别是对收入到达上限的中等收入阶层来说，这样的欲求可能会带来不幸。

并且，无论增加多少收入和储蓄，如果不能给自己带来幸福，那就毫无意义。人们普遍认为“习惯”和“比较”是导致幸福指数下降的主要原因。即使有钱，一旦习惯了这种状态，也会感觉不到幸福。另外，如果羡慕周围上一阶层人群的生活，势必会降低自己的幸福指数。

如果要为“地位财富”花钱，就不要和其他人做没有意义的比较，要把握好“仪式感”和“日常生活”的平衡，过好每一天。并且，使用金钱来提高“非地位财富”的质和量，对现代的我们来说，就是提高幸福指数的秘诀。

（√花钱提高“非地位财富”的满足感。

× 执着于“地位财富”，忽视提高“非地位财富”。）

45 越是希望在社交网络上被点“赞”的人，越容易浪费

留心一下就会发现，无论男女老少，越来越多的人开始使用社交网络。信息通信技术（股份）综合研究所发表的“2020年度社交网络使用动向相关调查”显示，使用社交网络的理由中，“想知道朋友的近况”占比最高（43%），其次是“想和他人取得联系”（33%），“想让别人知道自己的近况”（24%），“想让别人看到自己发布的照片”（23%）、“想留下自己的行动记录”（21%）、“想在工作或商务上保持联系”（20%）、“希望获得‘点赞’等回应”（17%）等。

因此，社交网络作为一种能够开阔自己的视野和见识、使用简单方便的工具，很多人会根据自己的目的灵活使用它。但是，事实上人们也应该看到，由社交网络引发的人际关系矛盾和手机依赖等问题。

而且，人们不知不觉就会沉迷于社交网络特有的“点赞”评价，这样的评价满足了人们想要被人认可、被夸奖的“认可欲求”。

安德斯·汉森（Anders Hansen）在畅销书《手机大脑：让人睡眠好、心情好、脑力好的戒手机指南》（*Skärmhjärnan*:

Hur en hjärna i osynk med sin tid kan göra oss stressade, deprimerade och ångestfyllda）中介绍，从脑科学的角度来看，在社交网络中的获得“点赞”后，大脑中负责奖励系统的一种名为多巴胺的神经传输物质就会开始分泌，从而让人获得强烈的快感。在我们品尝美食、做好事被感谢获得满足感时，就会刺激奖励系统。在大脑正常运作的情况下，是需要通过人们的努力和付出刺激产生的。但是，使用社交网络的话，可以轻易获得来自他人的“赞”，大脑容易获得满足，而记住了这种轻松的方法。

日本软件营销部队[①]（Salesforce）进行的“在社交网络上，发现被认可后的心情‘认可欲求’调查”显示，根据认可欲求的“强度（希望获得多少‘点赞’等认可）”和“方向（是重视‘被认可的数量’还是重视‘被认可的对象’）”，分为四类人，他们分别在使用社交网络的种类和方法上各有特色（图 6–2）。

该调查还分析了认可欲求对使用社交网络会产生怎样的影响，年龄越小越重视“被认可的数量”，年龄越大越重视“被认可的对象”。另外，现在使用脸书（Facebook）[②]最积极

---

① 软件营销部队是创建于 1999 年 3 月的一家客户关系管理软件服务提供商，总部设于美国旧金山，可提供随需应用的客户关系管理平台。——译者注

② 现已更名为 Meta。

的是60多岁的人，这个年龄段的人最重视“被认可的对象”，因此也喜欢用可以如实反映人际关系的脸书。如今，社交网络也进入了被分类使用的时代。

认可欲求最强，使用社交网络最频繁的类型。10多岁、20多岁的人群中，推特（Twitter）和照片墙（Instagram）的使用率最高。想要把自己充实的每一天向大家展示，获得更多的认可。
认可欲求（强）
虽然认可欲求强，但在社交网络上有自己的判断力。脸书的使用频率最高。好奇心旺盛、兴趣爱好丰富，交友广泛，在社交网络上与他人交流积极。
重视被认可的数量
向世界展现优秀的自己
现实生活充实的偶像
占全体的24%
善于交友，有分寸地认可欲求
时髦社交家
占全体的24%
重视被认可的对象
相比点赞！更热衷于兴趣
讨论派宅人
占全体的10%
不追求点赞，察言观色
和谐的关注者
占全体的43%
虽然认可欲求弱，但经常发布与兴趣、喜欢的事物相关的内容。男性的比例最高，经常使用推特。通过社交网络，收集兴趣相关信息，并乐于和志同道合的朋友交流。
认可欲求（弱）
认可欲求最弱，社交网络使用最消极的类型。40~69岁的人占比最高。在家人或者妈妈团等相对狭窄的人际关系中，注意周围气氛的同时使用社交网络。

图6-2 社交网络使用者的分类

资料来源：根据日本软件营销部队进行的“在社交网络上，发现被认可后的心情‘认可欲求’调查”制成。

✦ 沉迷于“赞！”的快乐，容易导致虚荣消费

无论是拘泥于数量还是对象，我认为希望在社交网络上

获得“点赞”的人，有容易浪费的倾向。被认可欲求强的人，为了获得“点赞”而进行物质消费和体验式消费，这样才方便找到素材发布。这些都是很久以前就有的行为，就像“为了展现给别人看，而购买和自己身份不相符的名牌商品”“被起哄就慷慨地请别人吃饭”等，是所谓的虚荣消费的一个环节。也确实是攒不住钱的人的典型行为。

在前述调查中，从不同的年收入来看，高收入者有更重视“被认可的数量”的倾向。英国的历史、政治学者西里尔·诺斯古德·帕金森（Cyril Northcote Parkinson）提出“支出的金额在达到收入金额之前会不断膨胀”的定律。这就是所谓的“帕金森法则”之一。无论收入增加多少，为了获得更多认可，支出也会随之增加，虽然满足了认可欲求，但是家庭经济会变得越来越困难。

顺便提一下，在幸福指数的研究中，现实中的人际关系可以提高幸福指数，而与社交网络接触的时间越长，幸福指数就会越低。要认清社交网络只是一种工具，保持一定的距离感，这很重要。

（√把社交网络作为便捷的工具，根据目的灵活地使用。
× 希望获得“点赞”，反复浪费。）

46 “自己做饭”的经济价值

曾经“擅长烹饪”是男性在寻求结婚对象时的条件之一，但是最近，也有很多女性希望丈夫或者恋人也同样擅长烹饪。

有一个擅长烹饪的伴侣，对家庭经济也会产生很大的影响。

下面让我们来具体谈一谈。首先，确认一般餐费需要多少钱。总务省“2020 年度家庭经济调查年报”显示，不同家庭成员的餐费分别是：2 人以上家庭（2.95 人）每月餐费约为 7.6 万日元；单身家庭约为 3.8 万日元。

以此为前提，对比经常买熟食、在外就餐的小 A 和通常自己做饭、很少在外就餐的小 B，试着估算他们从 30 岁到 65 岁的餐费共产生多少差额。

根据前述调查，2 人以上的家庭在外就餐平均每月的费用，2020 年受新冠疫情影响在 1 万日元以下。而在那之前的几年，费用约 1.2 万日元。以此为基准，包括熟食和外卖等在外就餐费用，小 A 为每月 3 万日元，小 B 为每月 1 万日元，两者 35 年的差额可达 840 万日元。

○小 A：3 万日元 ×12 个月 ×35 年 =1260 万日元①

○小 B：1 万日元 ×12 个月 ×35 年 =420 万日元②

就午餐费来说，小 A 买商店里的便当（平均 800 日元）。小 B 一直带自己做的便当（实际花费 300 日元），那么双方 35 年的餐费差额为 420 万日元。

○小 A：800 日元 ×20 天（每月工作天数）×12 个月 ×35 年 =672 万日元③

○小 B：300 日元 ×20 天 ×12 个月 ×35 年 =252 万日元④

计算小 A 和小 B 在外就餐和午餐费用合计的差额，35 年竟然达到 1260 日元（= ① + ③ – ② + ④）。正因为这是每天都会发生的事，所以可以说是“积少成多”的典型代表。

✦“自己做饭”的经济价值不仅仅在于节省餐费

也就是说，家庭中如果有人喜欢节省，每天都认真做饭，厨艺高超（自己或者配偶），就会有很大可能降低餐费成本（如果只吃有机蔬菜等食材，餐费反而会提高），如果把节省下来的钱存起来，就能达到 1260 万日元，相当于“公寓的首付”。

“自己做饭”的经济价值不仅仅在于节约餐费。如果长期在外就餐或者吃外卖、便利店、快餐、速食、零食等，这些吃起来很方便，饱腹感强的食物，就会导致身体缺乏必需的维生素和矿物质。其结果就是即使外表看起来是标准的体型，但实际也有可能陷入营养不良的状态。

谈到糖尿病，我们通常认为这是中老年肥胖男性的疾病，但是据说最近在20多岁、30多岁的年轻人中，体型较瘦的女性患上糖尿病的数量也在增加。

如果经常营养不足、免疫力低下、容易疲劳、倦怠、头晕等，容易引起身体问题，患上生活习惯疾病。当然，这也会增加医疗费用，如果身体状况差，就不能工作，收入也会减少。在这样的情况下，给家庭经济带来的影响，就不仅仅是前面所估算的餐费的那些钱了。

饮食生活和生活习惯等健康意识的提高，与收入也有很深刻的关系。

厚生劳动省的“2018年国民健康和营养调查报告”显示，根据家庭收入的不同（不足200万日元、200万日元以上不足400万日元、400万日元以上不足600万日元、600万日元以上）调查饮食生活和生活习惯相关情况，结果显示收入低的家庭，如对“主食/主菜、副菜组合的营养均衡的饮食频率”问题相关回答中，“几乎每天”的比例较低，可以看出低收入家庭的蔬菜摄入量较少。由于预算有限，很难通过在外就餐获得充足的营养，所以经济上不那么富足的人，更应该自己做饭，为省钱和保持健康而努力。

（√尽可能地伴侣或者自己做饭，为节省费用和保持健康而努力。
× 因为方便，依赖在外就餐和外卖。）

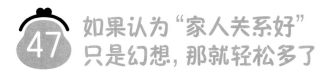

47 如果认为“家人关系好”只是幻想，那就轻松多了

2015年出版的那本名为《别说一切都是家人的错》[①]的畅销书，想必很多人都读过。在这本书的腰封上写着“‘家庭是美好的’是一种欺骗。打破此前一直被神圣化的‘家庭’形象”。随着时代和社会形势的变化，家庭的形态也有所变化，但日本人对家庭和睦、家人相互扶持的理想化价值观却根深蒂固。这本书就是向“家庭就应该是这样”（在该书中被称为“一家团圆的符咒”）的刻板观念，提出反驳。

这本书之所以能引发巨大反响，是因为它替人们明确地表达出内心对家人的感受，使人们感到心情畅快。最近，网络上经常看到与父母和家人相关的俚语，如“毒父母”“父母盲盒”等。

前来进行理财规划咨询的客户，几乎都是夫妻或者有孩子的家庭。由于家庭成员之间的纠纷与金钱相关，我自然也看到了各种各样家庭的相处模式。

例如，有一位妻子（30多岁）生孩子以后，就想重新考

---

① 『家族という病気』，下重晓子著，幻冬舍出版。——译者注

虑丈夫的保险，突然说“其实，我想和丈夫离婚……”，还有前来咨询理财的一位男性（40 多岁）告诉我“我与妻子关系不好，想尽可能地瞒着她我赚的钱”。还有一位为人子女的人（30 多岁）咨询后表示“我对一起居住的父母（70 多岁）的晚年生活感到不安。由于自己听不懂（不想听），也想让父母来咨询”等，我接受过很多像这样的咨询。

一提到照顾父母的问题，就容易显现出家庭矛盾

无论什么样的家庭，都有各自的“家庭形式”，作为理财规划师，只能灵活应对。接触到现在，我已经不会大惊小怪或者蹙眉生气了。但是，从经济层面来看，有家人的帮助会产生很大的助力。

例如，在丈夫患病、作为全职主妇的妻子外出工作的情况下，如果孩子很小，就需要有人来代替妻子照顾孩子和做家务。如果附近有可以来帮忙的祖父母或者兄弟姐妹，那么不仅心里会感到踏实，而且还不用额外花钱。但是，如果没有这样的家人，请护理人员和家政服务、请人来帮忙等，就需要花费很多。

而且，一提到照顾父母的问题，家人之间会显现出矛盾。

即使是血脉相连的兄弟姐妹，到了中年后也会走向各自

不同的人生。大家最优先保障现在的家人和自己的生活，这也是没有办法的事情。并且，到了四五十岁，在学历、结婚对象、职业、孩子的前程等方面，“兄弟姐妹之间的差距”也会变得明显。如果再加上各自配偶的想法，情况就会变得更加复杂。

多年来，我接触过各种各样的家庭，我认为“家庭要和睦”或者“因为是家人，所以相互帮助是理所当然的”只不过是一种幻想，认清这一点才会过得比较轻松。

共同居住在一起的家人，容易相互认为“每天都在一起，即使不用说，家人也会理解自己”。不在一起居住的家人也会想“现在很忙碌，也不用特意说……”。但是，当问题出现时，就有很多意见不一致、关系恶化的情况。

即使是家人，心灵和身体也不是完全相同的。从某种意义上来说，家人就是“别人”。因此我认为每个家庭成员都应该以“不理解也是很正常的”为前提，保持适度的距离，体谅对方，用心为对方着想。

✦ 有意识地定期沟通很重要

因此，解决完人生中的经济问题之后，**为了构建良好的家庭关系，家庭成员之间定期有意识地沟通交流必不可少。**

针对照顾父母的问题，我建议在父母还很健康的时候，就每年召开一次家庭会议。但是，受新冠疫情影响大家聚在一起见面比较困难，因此使用社交网络也是一种办法。另外，如果是第一次谈论这个话题，按照各自的以夫妻为单位→兄弟姐妹为单位→父母子女为单位的顺序，相互进行沟通后会更顺利。因为如果孩子突然与父母谈起这个问题，就有种逼问的感觉。

另外，也有不少人担心继承纠纷，如果在照顾父母的方面有矛盾，父母不在后，很容易直接变成“争族”①。为了避免这种情况，在开始照顾父母之前，和睦的家庭环境必不可少。

“家人不是拥有的，而是亲手培养出来的”，这是 2017 年逝世享年 105 岁的圣路加国际医院名誉院长日野原重明先生的名言。让人感到受益匪浅啊。

（√平时多和家人交流沟通，用心构筑良好的关系。

× 放弃对家人的关心和沟通，导致家庭破产。）

① 争族一般指围绕遗产继承而进行争夺的亲戚。——译者注

48 随着年龄的增长，应如何处理不断增加的婚丧嫁娶费用

大致说来，婚丧嫁娶是指人从出生起到去世为止或过世之后等人生的关键时刻中，由家人和亲属为此举行的所有仪式。

根据各个家庭所居住的地区不同，费用也会有很大差异。此外，结婚仪式邀请的一般都是亲朋好友，葬礼方面家族葬礼①和直葬②的数量增加，和过去相比，现在尽可能地控制花费的需求。总务省的“家庭收支调查”显示，婚丧嫁娶费用［信仰 / 祭祀费、祭祀用品 / 墓碑、婚礼相关费用、葬礼相关费用、其他的婚丧嫁娶费用（七五三③、成人仪式费用等）的合计金额］有逐年减少的趋势（表 6-1）。

---

① 家族葬是以家人、亲属为中心举办的葬礼。——译者注

② 直葬是指不举办过多仪式的葬礼。——译者注

③ 每年的十一月十五日是日本的“七五三节”，这天三岁（男女）、五岁（男孩）、七岁（女孩），都要举行祝贺仪式，节日意义是保佑孩子健康成长。——译者注。

表 6-1　婚丧嫁娶费用的变化

单位：日元

年份	信仰 / 祭祀费	祭祀用品 / 墓碑	婚礼相关费用	葬礼相关费用	其他的婚丧嫁娶费用	
2011	15466	6080	2977	14260	2477	41260
2012	16236	4035	3850	13626	2567	40314
2013	16301	5280	2801	16279	2766	43427
2014	15739	6156	4345	18868	2368	47476
2015	14562	5342	3293	14400	2433	40030
2016	15325	4170	956	14404	2534	37389
2017	13559	2743	2143	14890	2754	36090
2018	12250	3913	2522	15332	2271	36288
2019	14498	4181	1001	11952	2317	33949
2020	14577	1848	1336	6619	2065	26445

10年下降到六成以下

✦ 随着年龄增长婚丧嫁娶的费用增加，但与年收入不成比例

但是，即使婚丧嫁娶的费用减少，随着年龄的增长，这些费用还是在不断增长。2020 年的数据显示，婚丧嫁娶费用花费（每年）最高的是 60 多岁的人群，为 4.6208 万日元，其次是 70 岁以上的人群，为 4.237 万日元，与 50 多岁人群的 2.1242 万日元差距很大。

其特征为年轻家庭需要花费婚礼相关费用，而高龄家庭在信仰 / 祭祀费和葬礼相关费用上负担较大。并且，结婚具有

季节性，主要集中在春季和秋季，而葬礼则不分季节。特别是与地域关联紧密，越是祖祖辈辈都住在那个地区的人，参加葬礼的机会越多。听在老家的母亲说完，我甚至感觉她在受新冠疫情影响前几乎每个月都会去参加葬礼。

进一步来说，婚丧嫁娶的花费多的，不一定都是年收入高的人。该数据显示，两人以上家庭中，最高的是年收入按五等分[①]的第2组（329万~459万日元）为3.7943万日元，其次是第1组（不足329万日元）为3.1659万日元，与高收入组第5组（860万日元以上）的2.5398万日元相比。差异明显。

一般来说，婚礼的红包大概为3万日元左右，葬礼的帛金大概为3000~10000日元的标准（根据地区以及与对方关系不同而有差异）。

无论年收入多少，如果交往的人多，就不得不按普遍的金额来包红包，但是以稍微深刻地角度看，**年收入高的人，不会太去交际，也许是看清了交往的人。**

✦ 如何节约“婚丧嫁娶费用”？

婚丧嫁娶费用对于和周围人构建良好的人际关系来说，

① 取统计范围内数据的最小值和最大值，把这个数据范围五等分，即按收入从低到高的顺序依次称为第1~5组。——编者注

是一笔很重要的资金。为了在突发意外时不陷入窘境，我推荐大家将其纳入每年的年度预算中。随着年龄增长，我也不知道什么时候需要准备帛金，所以经常在身边准备好 10 万日元的混合不同币种的新钱。

虽说如此，也不是说无穷尽地送礼金就是好。如果想要节约的话，也确实有选择对象和场景的方法。例如，结婚典礼的话，出席的都是关系很好的亲朋好友。当你觉得“也许叫我来是为了凑数的”的时候，就需要有勇气不去。葬礼和法事等需要大家统一步调的亲戚关系，确实也没有办法，但是，自己或者孩子等关系近的亲属之间的婚丧嫁娶，可以事先商量好礼金的金额和给礼金的时机（庆祝升学或者婚礼 / 葬礼时），这也是一种方法。

顺便一提，有一位没有子女的老年男子，在妻子先去世后表示“今后与我相关的红白喜事，也就只有我自己的葬礼了。但是，我也不能参加啊”，他以此为由拒绝给他人一切婚丧嫁娶的礼金。经营着个人的商店，是一位交友范围广泛的先生，但是他的葬礼却很冷清。虽说想法不同，但想要认清婚丧嫁娶等交往关系，真的很难。

（√从一开始就不要进行无意的交往，选择合适的对象和场景。

× 因为这是必须要付出的重要费用，所以无止境地出钱，致使家庭经济拮据。）

49 不是为自己而是为别人花钱，会提升幸福指数

我经常在生活规划研讨会上问这样的问题“如果你买彩票中了奖，得到100万日元，你准备怎么花这笔钱”。就像每个人花钱的用途各有不同一样，这也表明了每个人的生活规划也是各不相同。

果然，无论男女老少回答最多的还是“存起来”。虽然日本人喜欢储蓄，但大家的回答也五花八门，如“买喜欢的艺术家的商品”“想去旅行”“用来投资增值”等。在一个面向某体育强校教师的研讨会中，有一位老师说“请自己作顾问的社团的孩子们吃烤肉”，表达了对学生们的感情。

另外，当我问外国人这个问题时，得到的答案却截然不同。他们大多数人并不把钱花在自己身上，而是回答“会捐献出去”。在当代社会的日常生活中，捐款和参加志愿者活动已然是很正常的事情，也许这就是理所当然的。

为他人花钱，可以降低血压，提高幸福指数

实际上，研究表明为他人而不是为自己花钱，不仅有益于健康，还有提高幸福指数的效果。加拿大的不列颠哥伦比亚

大学的伊丽莎白·邓恩博士（Elizabeth Dunn）进行了下述研究。每周给患高血压的高龄受试者 40 美元，连续 3 周，并告诉 A 组“把钱花在自己身上”，告诉 B 组“把钱花在别人身上”。

3 周后，测量受试者的血压，发现为他人花钱的人与为自己花钱的人相比，血压下降明显。这段时间血压下降的效果可以说与健康的饮食和经常锻炼的效果一样。

另外，根据邓恩博士的其他研究可知，**金钱与幸福几乎没有关联性**，取而代之的是，金钱的使用方法与幸福有关，她从实证研究中提出 8 种能够获得幸福的金钱使用方法。

在她的著作《花钱带来的幸福感》（*Happy Money*：*The Science of Smarter Spending*）中也提到“在别人身上投资越多，越能提高自己的幸福指数”“如果你把焦点放在赚更多的钱上，那么请在脑海中谨记‘把钱给一部分人’和‘挣很多钱’对自己而言，回报是相同的”。

在日本，大阪大学社会经济研究所实施的“关于生活喜好和满意度的问卷调查”（2004 年 2 月）得出这个结论，“**‘把存钱作为人生的目标’的人是不幸福的**”。

即使日本国内生产总值（GDP）很高，日本人也无法感到幸福，可能是因为他们被对未来迷茫不安的情绪所笼罩，有很多人只想着存钱。不花钱的话，钱就只是“日本银行券”[1]，只

① 日元纸币。——译者注

不过是一张纸。需要通过使用，才能体现出它的意义和价值。

＜获得幸福的 8 种金钱使用方法＞

①购买经验，而非物品。

②为他人利益，而非自己的利益使用。

③用于多数人的小快乐，而非少数人的大快乐。

④不要为延长期限和保障花钱。

⑤不要拖延支付。

⑥重新审视购买的物品对生活有何帮助。

⑦任何时候都不要比较已买的物品。

⑧密切关注他人的幸福。

✦ 评价通过可持续投资为社会做出贡献的企业的努力

并且，在投资界，向社会做贡献的意识也一直存在，并且在不断进步。

例如，社会责任投资基金，在选定投资对象时，在原有的基准上，还关注投资对象的社会和环境、逻辑问题等方面。与其说是追求回报，不如说是为社会做贡献的意义更突出。

另外，针对可持续发展目标（截止到 2030 年全世界范围内想要达成的，涉及贫困与饥饿、环境与多样性等可持续发展目标）相关项目进行投资的可持续发展目标基金和可持续投资也应运而生。

可持续投资是指考虑环境、社会以及公司治理能力而进行的投资方式。并不是单纯的向社会做贡献，说到底还是以降低回报和风险为目的，将企业与环境、与社会的关系，以及保持企业的品牌形象等要素纳入项目选定的考虑要素中。

各位，今后无论是消费还是投资，都不要只为了自己，不妨有意识地试试为他人花钱。

（√为了他人付出金钱，会获得健康和幸福。

× 自己赚的钱只能给自己花。）

50 金融专家所知最重要的事情

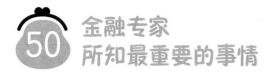

正如我之前所讲的那样，光靠金钱是无法获得幸福的。

金钱需要“赚、花、存、增、备”。虽然节省和投资也很重要，但是在百岁人生的时代中，也需要考虑如何赚钱以及如何使用钱。在行为金融学中，由认知方式引起的偏差被称为“认知偏差”。心理账户也是其中的一种，同样的1万日元，工作赚的1万日元比赌博赚的1万日元，在花钱时更让人犹豫，这也是其表现之一。有意识地面对金钱，就会看到之前没见过的勉强和浪费。总之，与金钱相关的思考，关系到你想度过怎样的人生。

并且，“如果不想为金钱烦恼”，改善家庭经济的3种对策方法：①增加收入；②减少支出；③理财，请根据这三者的情况均衡地进行组合。（请参照第3章第21节）

理财规划师作为金融专家，并不会使用魔法，也不知道特别的秘诀。重要的是继续过好普通的生活。发动想象力提前为未来的风险做好准备。

提到资产家，常给人一种通过股票或不动产投资而发家致富的印象。但是，在我的客户中，持有数亿资产的人，全都是踏踏实实地攒钱、持续勤奋工作的人，“一夜暴富”的情况为零。

无论如何，我们必须在这个百岁人生的时代生存下去。我们需要 3 种能力：第 1 种是通过技能提升和职业转换，获得长期稳定收入的“赚钱能力”；第 2 种是掌握金融、社会保险、税金等方面的知识和信息的“学习能力”；第 3 种是应对通货膨胀风险，进行投资和理财“增值能力”。

为了锻炼这 3 种能力，考取理财规划师资格证、不断学习等方法都很有效。除了理财规划师，还有很多与经济相关的专家。但是我认为理财规划师与其他类似职业有很大区别，分别为以下 3 点：

①全面的建议。理财规划师作为特定领域专门化的专家，同时还是涉及金融、保险、税务、不动产、社会保险、继承等广泛领域的综合性人才。根据每个人的生活规划，提供横向、全面的建议。

②现金流量分析。通过掌握一定期间内的资金流向，能够预测未来的资产状况。

③生存所需知识。能够学习对自己和家人生活有用的、生存所需的知识。

也就是说，理财规划师与其他专家的不同之处在于，理财规划师不仅仅局限于通过投资实现资产增值或是推荐保险，而是根据“已有的生活规划”提出适合个人的建议。另外，理财规划师不是在事后解决问题，而是能够在事前预想到并采取对策。并且，最重要的是他们所掌握的知识，不仅仅对他人有用，对自己来说也很有用。

选择理财规划师的 5 个要点

有人这样说“我想向理财规划师咨询，但不知道应该如何选择理财规划师”。理财规划师大致分为，在金融机构等企业内任职的理财规划师和像我一样独立的个人理财规划师，专门从事付费咨询的是后者。如果向独立系的理财规划师咨询，那么有以 5 个要点为据做出选择的方法：

①擅长的领域。想咨询的领域是否是其擅长的？咨询案例有多少？

②资格认证。理财规划师的资格认证，除了日本理财规划师协会认证的“国际金融理财师资格（高级）”和“金融理财师资格（初级）”，还需要国家认定的理财规划师技能士（1~3 级）。此外，如果拥有税理师[①]、社会保险劳务士[②]、司法

① 主要负责税务方面的事情，包括但不限于税务代理、书类作成、税务相谈等。同时也可以做一些财务会计方面的工作。类似于国内的税务会计师。——译者注

② 主要是负责社会保险以及年金的相关工作。社保和年金有很多日本人也搞不清楚，公司往往会找社劳士来代缴社员的社保年金。如果政策发生变化也是会由社劳士通知到公司。同时也负责解决调停一些劳动关系纷争。——译者注

书士[1]等，与理财规划师形成双重资格的话，可以使客户得到更加专业的建议。

③服务内容和咨询费。根据享受到的服务，来确定是否能接受咨询费用。多数情况下每小时的咨询费用设定为5000~10000日元。

④关系网。根据咨询内容的不同，在计划的执行和问题的解决上，常常需要其他专家的协助。对于不销售金融产品的理财规划师，也需要提前确认其是否有合作伙伴。

⑤思考方式和价值观等的契合度。都说“100个理财规划师有100种建议”。通过理财规划师的个人主页和著作，来确认其基本思考方式、立场、价值观是否与自己契合，这也很重要。

在这5个要点中，对于接受咨询的理财规划师而言，我认为最重要的是第⑤点。也还有很多理财规划师，虽然没有经常出现在媒体上很有名气，但同样都非常优秀。请大家试着寻找适合自己的理财规划师吧。

顺便提一下，我作为理财规划师的座右铭是“将梦想变

---

① 是负责商业注册、房产登记和准备司法诉讼档案的工作。最主要的工作就是开公司的法人登记和土地房产所有权的不动产登记，有时候也会处理一些简易法庭和调解程序。要注意的是并不能进行诉讼相关的工作也无法代表当事人出席法庭。——译者注

为现实”。在人生的关键时刻、关键环节上，我都会谨记为他人提供适合其人生的建议。

（√为了实现生活规划，定期向理财规划师咨询。

× 只要掌握金融知识，就能一下子进入富裕阶层。）

✦ 结语 ✦

我经常在理财规划咨询中或者研讨会上听到客户这样说，“金融产品、保险、税金，凡是和钱有关的都太难了”。因为难，因为不懂，所以今年一定要弄懂！虽然有的人抱着这样的想法，干劲十足地买了记账本，却还是没能坚持下去，也有的人都已经选定了金融机构，开设了小额投资免税制度账户，但没往账户上转钱，像这样没有付诸行动、无法持续坚持的人不在少数。

每次听到这样的话，我都会想到罗马政治家、哲学家、诗人塞涅卡（Lucius Annaeus Seneca）的名言“不是因为困难而不去做，而是因为不做而困难”。

人类是一种在行动之前就会不知不觉地产生诸多顾虑的生物。列举优点和缺点，梳理风险，研究规避方法。确实，思考很重要，有助于提高做事成功的概率。但是，失败并不全是负面的。我们常说“失败是成功之母”，失败往往会带来改变和成长（如果好好反省失败原因的话）。因此，有时也需要果断地行动起来。

如果把能够行动的人和不能行动的人进行分类，可以分为以下三类：

①能主动行动的人。

②能按照要求行动的人。

③即使被要求也不能行动（不去行动）的人。

以运动习惯为例，向大家展示这三者各占多少比例。

厚生劳动省“2019年国民健康与营养调查”显示，有运动习惯（每周进行2次以上运动，每次运动30分钟以上，坚持一年以上）的人占比，男性33.4%，女性25.1%。如果把这些人归为第①种类型，大概占全体的三成。在该调查中，针对改善运动习惯意向的问题，没有运动习惯的人群中，回答“有兴趣但不打算改变”的人占比最高，男性为31.2%，女性为28.2%。如果把这些人归为第③种类型，大约也占总体的三成。这样的话，剩下的四成左右就归为第②种类型。

在我看来，无须为第①种类型的人担心。需要适当鼓励和提供建议的是第②种和第③种类型的人，正在阅读本书的各位，可能大部分都属于第②种类型吧。有问题的是第③种类型。实际上，当第③种类型的人来找我咨询时，我几乎都想直言不讳地说：“为什么，不早点来呢……”（事到如今，我也没有办法了，所以实际上也没有什么可以给出的建议）。

我希望各位在阅读本书后，第①种类型的人能够增加信息量，提高并维持积极性，第②种类型的人能顺利推进执行步骤，进入下一阶段，并希望能引起第③种类型人的关注。

最后，针对那些迟迟难以行动，无法坚持的人，列举三点无法行动的原因和对策。

○原因①：不理解本质，不知道应该改变什么→请重新阅读本书。

○原因②：没有干劲→如果是因为不知道做事方法而没有干劲的话，请重新阅读本书。如果是因为认为不适合自己而没有干劲的话，需要改变看待事物的价值观。请试着具体地规划应该做的事情，开始行动起来吧。在“沉没成本偏差”（不想浪费已经花费的时间和精力）的心理效用下，应该会激发动力。

○原因③：维持已改变的行动的方法不适合→行动的改变及维持需要体力和精力。除将节省下来的金额图表化、可视化外，还可以通过社交网络发布开始投资的事宜、分享投资的结果。如果不是单独一个人，而是很多人一起行动的话，更容易坚持下来。

受新冠疫情影响，“改变行动”这个关键词频繁出现。“助推”这个行为经济学的政策方法，能够帮助个人做出更好的选择，并由此引发关注。助推是指悄悄地为他人提供帮助的方法，是诺贝尔经济学奖获得者理查德·塞勒（Richard Thaler）教授在2008年提出的行为理论。助推在日常生活中被广泛应用，例如在餐饮店的菜单上，在特定的菜品上写着“推荐”，这也是一种助推。

因此，希望本书能成为帮助大家改变行动的一本书。不要读过一遍就算了，当你不知道如何行动而感到迷茫的时候，请试着反复多读几遍。当你掌握了书中介绍的思维方式和习惯后，你的资产一定会大幅增值。